化学三部曲

化学与生活

黄　梅　曹书梅　傅正伟　古丽娜·沙比提　主编

科学出版社

北　京

内 容 简 介

　　本书由食品与药物、装扮与清洁、能源与材料、环境与发展四篇内容组成。第一篇主要介绍食品中的宏量营养素、人体需要的维生素以及几类重要的药物；第二篇则是发现装扮中化学的身影，并展现化学在清洁方面的强大功能；第三篇讲述化学对能源发现与能源创新的巨大贡献以及功能多样的新材料；第四篇旨在打破大众对化学总是造成污染的刻板印象，表明化学也是环境保护的一大助力。本书图片丰富多彩，排版精致美观，具有较强的知识性和可读性。

　　本书的读者对象以青少年为主，通过本书的学习将引导读者关注生活中的化学，发现化学的"真善美"，从而拓宽视野，形成科学思维方式。

图书在版编目（CIP）数据

化学与生活/黄梅等主编. — 北京：科学出版社，2023.9
（化学三部曲）
　ISBN 978-7-03-076350-1

Ⅰ.①化… Ⅱ.①黄… Ⅲ.①化学—关系—生活 Ⅳ.①O6-05

中国国家版本馆CIP数据核字（2023）第177427号

责任编辑：丁　里／责任校对：杨　赛
责任印制：赵　博／封面设计：陈　敬

科 学 出 版 社 出版
北京东黄城根北街 16 号
邮政编码：100717
http://www.sciencep.com
北京建宏印刷有限公司印刷
科学出版社发行　各地新华书店经销
*
2023年9月第 一 版　开本：720×1000　1/16
2025年1月第二次印刷　印张：18 1/4
字数：295 000

定价：**88.00元**
（如有印装质量问题，我社负责调换）

《化学与生活》编写委员会

前　言

　　党的二十大报告指出："增进民生福祉，提高人民生活品质。"化学与人们的生活密不可分。本书以生动形象、风趣幽默且通俗易懂的语言讲述了与生活息息相关的化学，旨在引导青少年和高等学校相关专业学生以科学的态度看待生活中的化学问题，一方面将化学知识运用于实际生活中解决问题，另一方面引导读者发现生活中的化学。例如，火的使用使人类摆脱了茹毛饮血的原始生活；造纸术、印刷术使文明得以传承与发扬；金属冶炼、纺织工艺提高了人类的生活水平；青霉素等药物的发现提高了人类的生存能力；塑料等人造材料的出现带给了人类全新的发展空间。本书从食品与药物、装扮与清洁、能源与材料、环境与发展四个方面阐述了化学与生活之间的密切联系，限于篇幅，每个方面只择其重点或特色介绍一二，其他内容在"化学三部曲"之《化学与文化》《化学与健康》中均有涉及。

　　本书是众多编者共同努力的结果，感谢全体编委对书稿编写的辛苦付出，以及邢若琳、杨丹、赵冰冰、马镜、苏益凡、任艳玲、钱璐洁、钟得洪、李炳儒、王静、周筱雯、王颂、谭传玉、昌晏飞、李玉、胡春婷、周玉浓、黄艳萍、石庄、谭慧君、廖芮琦、曹馨予、张雨婷、彭懋楠等学生在书稿后期校订工作中做出的贡献。在本书编写过程中，编者参阅了大量国内外同行的相关文献资料，引用了一些他们的研究成果，在此向有关作者表示诚挚的感谢！此外，特别对伊犁师范大学、西南大学、重庆师范大学和忠州中学的支持表示最诚挚的感谢！

　　由于编者水平所限，本书内容难免有不妥之处，希望广大读者提出宝贵意见和建议，以便对本书进行修改和完善。

编　者

2022 年 12 月于西南大学

目　录

第二篇　装扮与清洁

第三篇 能源与材料

第四篇　环境与发展

第一篇

食品与药物

第一章

研究山羊分

1 食物中的宏量营养素

○ 健康的功臣

○ 功臣的作用

○ 吃出来的疾病

现代营养学起源于18世纪中期，整个19世纪到20世纪初是发现和研究各种营养素的鼎盛时期。对于营养素的认识，从研究营养与人体之间的普遍规律逐步发展到利用营养素预防某些疾病。如今，人们已经认识到营养素越来越多的新功能。营养学形成和相关学科的发展与国民经济和科学技术水平密切相关。我国的《黄帝内经·素问》中即提出"五谷为养，五果为助，五畜为益，五菜为充"的饮食模式[1]，这是先祖根据实践经验加以总结而形成的古代朴素的营养学说，迄今仍为国内外营养学家所称道，认为这是理想的饮食模式，应加以推广。

近年来，人们的物质生活逐渐改善，饮食结构也发生了很大变化。人们已不满足于口腹之欲，而开始注重更健康的膳食。那么怎样才能做到合理膳食呢？人们日常摄入的食物中，又是哪些"功臣"在发挥巨大作用呢？这些都与宏量营养素有关！下面就一起来探讨宏量营养素。

1.1　健康的功臣

俗话说："民以食为天"，可见食物对于人的生存起着举足轻重的作用。营养素是指食物中能够被人体消化吸收和利用的各种营养物质，它们不但能保障身体生长发育和维护生理功能，还可以供给机体所需热能等。

人体必需营养素有近50种，按传统方法分类，包括糖类、脂类、蛋白质、矿物质、维生素和水。其中，人体对糖类、脂类、蛋白质的需求量较大，在膳食中所占的比重也较大，所以称为宏量营养素，图1-1~图1-3为富含宏量营养素的食品。相反，人体对微量元素的需求量较小，如矿物质和维生素。在人体中，各种营养成分的比例约为18%的蛋白质、14%的脂类和1.5%的糖、60%的水[2]。近年来研究表明，膳食纤维虽不能作为营养素被人体吸收，但它却有益于身体健康，因此也被称为第七大营养素。

图1-1　富含糖类的食品　　图1-2　富含蛋白质的食品　　图1-3　富含脂类的食品

1.1.1 糖类简介

在自然界中，有一种广泛分布于动物、植物和微生物体内的营养素——糖类（又称碳水化合物），化学式为 $C_n(H_2O)_m$，它是绿色植物光合作用的产物。地球上的全部有机物按质量计，糖类约占 80%，人体每天摄取的热能中有 75% 来自糖类。

糖是由多羟基醛或聚羟基酮构成，主要由 C、H 和 O 三种元素组成。糖类家族很大，根据是否能水解，可分为单糖、二糖和多糖[3]。其中，一摩尔多糖水解生成多摩尔单糖，一摩尔二糖水解生成两摩尔单糖，单糖不能水解。

法国化学家盖·吕萨克和泰纳发表了他们共同分析的一系列碳水化合物的报告。报告指出，糖、淀粉、木材中除含 C 元素外，H 和 O 的比例相当于水的组成比例，因而称它们为碳水化合物。

但是，碳水化合物这一名称不能反映它们的结构特征。首先，在碳水化合物分子中 H 和 O 不是以水的形式存在。其次，已经发现有些碳水化合物分子式中的 H 和 O 的比例并不是 2∶1，如鼠李糖 $C_6H_{12}O_5$；还有些 H 和 O 的比例为 2∶1 的化合物，从性质上来看不属于碳水化合物，如乙酸 $C_2H_4O_2$。但由于沿用已久，碳水化合物这个名字还是被保留下来了。

1. 单糖

1）葡萄糖

自然界分布最广的单糖是葡萄糖，有甜味，化学式为 $C_6H_{12}O_6$。葡萄糖分子呈链状或环状结构（生物体内环状结构的葡萄糖多于链状结构的葡萄糖）。在葡萄糖的链状结构中，6 个碳（C）原子纵向排列，第一个碳原子参与构成了醛基，剩下的五个碳原子分别与一个氢（H）原子和一个羟基（—OH）连接在一起；葡萄糖的环状结构分为 α-D-葡萄糖和 β-D-葡萄糖，图 1-4（b）所示环状结构葡萄糖分子为 α-D-葡萄糖，若将该结构中最右边的羟基（—OH）和氢（H）

原子上下颠倒便可异构化为 β-D- 葡萄糖 [4]。

图 1-4　葡萄糖分子的链状结构（a）和环状结构（b）

为什么单糖会成环状结构?

含有醛基（—CHO）和羟基（—OH）的物质可以结合生成半缩醛，而单糖中同时存在醛基（—CHO）和羟基（—OH），因此能以环状结构存在。单糖环状结构的形成见图1-5。

图1-5　单糖环状结构的形成

葡萄糖是一种典型的还原糖，主要是因为它含有醛基（—CHO）。葡萄糖可以通过血液输送到全身各处参与新陈代谢，其中血液中约有 0.1% 的葡萄糖浓度定义为标准血糖。与其他单糖相比，葡萄糖更容易被消化道吸收，在人体内被氧化成二氧化碳和水，释放能量。成熟的葡萄、蜂蜜，植物根、茎、叶、花和动物血液中都含有丰富的葡萄糖。

2）果糖

葡萄糖有一个可以作为甜味剂的"双胞胎弟弟"——果糖，它以游离态存在，水果浆汁和蜂蜜中都富含果糖。

2. 二糖

1）蔗糖

蔗糖是自然界分布最广泛的二糖，也是最常用的甜味剂，其化学式为 $C_{12}H_{22}O_{11}$，分子结构中不含有醛基（—CHO），因此不具有还原性，但在硫酸（H_2SO_4）催化下可发生水解，生成葡萄糖（图1-6）和果糖（图1-7）。

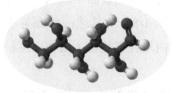

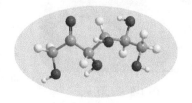

图1-6　葡萄糖分子的球棍模型　　　　图1-7　果糖分子的球棍模型

为什么水果会变甜？

　　我们都知道水果成熟之后会变得香甜可口，这是为什么呢？其实这多亏了果糖和蔗糖！水果中富含蔗糖、果糖和葡萄糖。在果实未成熟时，三种糖的含量大致相同，随着果实慢慢成熟，果实中的酶越来越活跃，三种糖类的含量就会发生变化，其中蔗糖和果糖的含量逐渐增加，而果糖和蔗糖比葡萄糖甜，因此水果成熟之后就会变甜。

2）麦芽糖

蔗糖的"孪生姐妹"为麦芽糖，其分子式为 $C_{12}H_{22}O_{11}$，与蔗糖相同，但分子结构中含有醛基（—CHO），因此具有还原性，其在硫酸（H_2SO_4）催化下也会发生水解反应[5]。

3. 多糖

淀粉和纤维素都是多糖，虽然它们不含"糖"字，也无甜味，但它们是多羟基酮或醛，通式为$(C_6H_{10}O_5)_n$，属于糖类家族[6]。它们由多个单糖分子失水结合而成，相对分子质量从几万到几十万不等，属于天然有机高分子化合物，堪称糖类家族的老大，但二者所含的葡萄糖分子数目、排列顺序均不相同。

图1-8　土豆

1）淀粉

淀粉是一种无气味的白色粉末状物质，是绿色植物光合作用的产物。淀粉可以在面包、饼干等由小麦制成的食品中找到，也存在于大米、土豆（图1-8）及其他一些蔬菜中，植物各部分组织内均含有淀粉（植物以淀粉的形式储存能量）。

淀粉包括直链淀粉（22%~26%的天然淀粉，图1-9）和支链淀粉（图1-10）。其中，直链淀粉含有数百个葡萄糖单位，遇碘溶液时变成蓝色；支链淀粉含有数千个葡萄糖单位，遇碘溶液时变成红棕色[5]。

图1-9　直链淀粉　　　　　　　　图1-10　支链淀粉

2）纤维素

纤维素（图 1-11）是构成植物细胞壁的基础物质，所有植物都含有纤维素。它不溶于水和一般有机溶剂，是白色、无气味的纤维状物质，其分子呈无分支的链状结构。纤维素不能起到供能的作用，因为人体的消化道不含有纤维素酶，所以不能消化纤维素[7]。纤维素的作用是促进胃肠蠕动，维持消化道的活力。纤维素的最大用途是造纸，造纸时将木材中的木质素溶解掉，加入填充剂和明矾、胶等，就可以得到普通的纸。图 1-12 为富含纤维素的红薯。

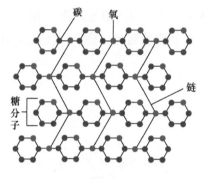

图 1-11　纤维素的结构式

图 1-12　富含纤维素的红薯

1.1.2　蛋白质简介

蛋白质是大家熟知的营养素，所有细胞中都含有蛋白质，其广泛存在于人体肌肉、指甲、皮肤、头发和其他组织、器官中。细胞干重的 50% 是蛋白质。蛋白质的英文"protein"来源于希腊文"proteios"，意思是"第一重要"，也就是说，生命的第一要素是蛋白质。

除 C、H、O 和 N 元素外，有的蛋白质还含有金属元素，如铁（Fe）、铜（Cu）、锌（Zn）等[6]。蛋白质是由氨基酸构成的聚合物，可以看作是一条通过肽键相连的氨基酸链，每个氨基酸分子都有一个羧基（—COOH），氨基酸中的"酸"就来源于此。

为了满足生理需求，成人每天要摄取的蛋白质为 60~80g。摄取的蛋白质在人体内重新组合成人体所需的各种蛋白质，包括上百种激素和酶。

1.1.3 脂类简介

脂类是油脂和类脂的统称，脂类家族也由 C、H、O 元素组成。脂类几乎存在于一切天然食物中。在动植物组织中，脂类主要存在于植物的种子和果仁中，以及动物的皮下组织、腹腔、肝脏和肌肉间的结缔组织中。

1. 油脂

油和脂肪统称为油脂。在室温下，油是液体，而脂肪是固体。脂肪和油具有相同的基本结构。油脂的主要成分是由三分子脂肪酸和一分子甘油形成的酯。

史中有化

油脂 自古以来便被人类食用，但是作为化学物质是从 19 世纪才开始被人们认识。法国化学家谢弗勒尔研究油脂制成的肥皂。当时的肥皂是使用动物脂肪和草木灰共同熬煮制成的。谢弗勒尔将动物油、水和碱性物质熬煮，得到一种铅糊肥皂，将溶液蒸发后留下稠浆，像糖一样有甜味，他认为这是油脂中含有的甜素。后来，谢弗勒尔认识到这是动物脂肪和碱反应生成的肥皂的副产物甘油[8]（也叫丙三醇，图 1-13）。

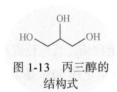

图 1-13　丙三醇的结构式

2. 类脂

类脂是指性质和结构类似脂肪的物质，包括磷脂、糖脂、固醇类和脂蛋白等。

1）磷脂

磷脂是指甘油三酯中一个或两个脂肪酸被含磷（P）的其他基团所取代的脂类物质，它承担着细胞的营养代谢、能量代谢、信息传递等功能。

2）固醇类

固醇类包括胆固醇和类固醇等。胆固醇是一种蜡质物质,常见于动物细胞中,主要存在于脑、神经组织、肝脏、肾脏和蛋黄中。从生理上讲,细胞膜的组成、维生素 D 的合成以及激素合成都需要以胆固醇为原料。人体也需要胆固醇作为化学信使来建构细胞结构和合成化合物。与其他脂质不一样,胆固醇不是一种能量来源。植物不能产生胆固醇,植物油等食物中也不含胆固醇。

1.2 功臣的作用

1.2.1 糖类的作用

1. 糖类在人体中的"完美旅行"

食物中的淀粉在人体内的消化途径如图 1-14 所示。

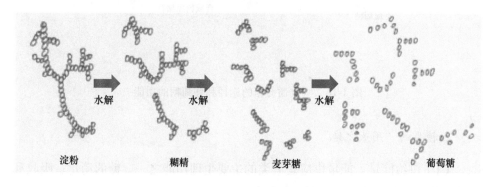

淀粉　　　　　糊精　　　　　麦芽糖　　　　　葡萄糖

图 1-14　淀粉在人体的消化过程

人和哺乳动物对单糖的吸收都是在小肠中进行的,单糖在体内的吸收和输送过程如图 1-15 所示。

小肠是吸收葡萄糖的地方。葡萄糖被吸收后,进入血液的一部分成为血糖,作为转运体;而进入肝脏和肌肉的另一部分用于合成和储存糖原[9]。吸收葡萄糖的途径和葡萄糖的功能如图 1-16 所示。

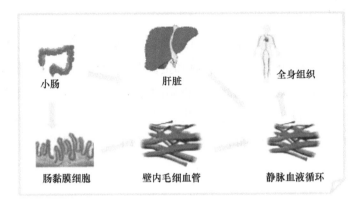

图 1-15　单糖在体内的吸收和输送过程

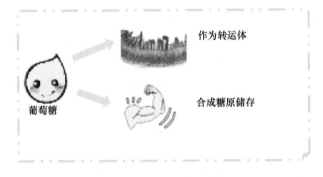

图 1-16　吸收葡萄糖的途径和葡萄糖的功能

2. 糖类的"用武之地"

（1）供给能量。能量供应是糖类的主要生理功能之一。糖的消化、吸收和利用比其他热源更快、更全面、更安全。

糖类转化为能量速度快，释放的能量多。糖类被氧化后生成 CO_2 和 H_2O（$C_6H_{12}O_6 + 6O_2 \longrightarrow 6CO_2 + 6H_2O$），$CO_2$ 从呼吸道呼出体外，H_2O 留在体内。而脂肪和蛋白质在氧化过程中会生成一些代谢废物，尤其是蛋白质氧化后会产生一些有毒的代谢废物。

（2）构成机体组织。糖类是人体许多组织需要的营养物质，如肌肉、血液和肝脏组织被称为人体糖储存库。当葡萄糖含量降低时，糖原可分解为葡萄糖为机体提供能量。当血糖水平过高时，葡萄糖又转化为糖原储存在肝脏中。

（3）解毒保护肝脏。解毒功能可以保护肝脏免受四氯化碳（CCl_4）、砷（As）

等有毒物质的侵害，当肝糖原储备足够时，机体自身就可以进行解毒。

（4）控制脂肪和蛋白质的代谢。如果所需的糖类不能从饮食中获得，或者身体中糖的转化机制出现故障（如糖尿病患者），那么人体所需的大部分能量将由脂肪提供。然而，当脂肪氧化不完全时，很容易产生一种称为酮酸的中间产物。当酮酸在体内积聚过多不能及时排出时，会引起酮症酸中毒。当蛋白质和糖类结合在一起时，身体中的氮含量比单独摄入蛋白质时更多。摄入体内的糖类释放的热能有利于蛋白质的合成和代谢，并能减少蛋白质用于产生热能的损耗。

（5）增强肠道功能。食物中的纤维素、果胶等可促进肠蠕动，保证正常消化，增加排便。

1.2.2　蛋白质的作用

蛋白质的营养价值也被称为生理价值，这反映了身体吸收蛋白质后的利用率。食品中蛋白质所含必需氨基酸的种类和比例越适当且完整，其营养价值越高。从强韧的蛛丝到对抗疾病的抗体，蛋白质丰富的结构决定了其多样的功能。

1. 食物蛋白质变成人体蛋白质

肉、鱼（图 1-17）、蛋和乳制品都富含蛋白质。人体从食物中获取蛋白质来促进身体器官的生长和修复，并调节细胞活性。但人体首先要消化蛋白质，将蛋白质分解为氨基酸分子，然后将这些氨基酸重新排列成数千种蛋白质，以供人体使用[10]。如图 1-18 所示，头发即为人体蛋白质的一种。

图 1-17　富含蛋白质的食物

图 1-18　人体蛋白质：头发

2. 构建、修补身体组织

人体的生长发育、衰老组织的更新和损伤组织的修复都需要通过合成人体所需的蛋白质以及在遗传基因的控制下由蛋白质提供的氨基酸来完成。蛋白质在体内代谢非常活跃，分解与合成不断地重复进行。

3. 构成生理活性物质

促进生物体内化学反应的酶、调节生理活动的某些激素、运输血液中氧气的血红蛋白以及防止细菌感染的免疫球蛋白都是蛋白质。许多蛋白质可作为治疗疾病的药物，如胰岛素、干扰素、免疫球蛋白等。

4. 调节渗透压

正常人血浆和组织液之间的水不断交换以保持平衡。如果膳食中长期缺乏蛋白质，血浆中的蛋白质含量会降低，血液中的水会过多地渗入周围组织，导致营养性水肿。

5. 供给热量

1g 食物蛋白质在体内分解约产生 16.7kJ 的能量。蛋白质为人体提供每天所需能量的 10%~12%。当食品中蛋白质的氨基酸组成不能满足人体的需要或糖脂供应不足时，蛋白质就会被氧化分解并释放热能。此外，在正常代谢过程中，陈旧破损的组织和细胞中的蛋白质也会分解释放能量。

6. 增强机体免疫能力

免疫球蛋白是阻挡细菌和病毒侵袭的第二道防线。阻挡病毒侵袭的第一道防线是干扰素，它是糖和蛋白质的混合物。

新蛋白质食品是指用新原料或新加工方法制成的富含蛋白质的食品。

油料蛋白

油料蛋白主要包括大豆（图1-19）、花生、葵花籽、芝麻等，其开发利用是为了解决蛋白质资源不足。

图1-19　大豆

谷类蛋白

谷类（图1-20）中蛋白质多分布于谷皮和胚芽中，但营养价值低于动物性蛋白质。这种蛋白与水结合，变为有黏性、弹性的"面筋"。谷氨酸可以用来制取味精，或者用于制酱油、木糖醇、淀粉酶等。

图1-20　谷类

水产类蛋白

海洋中各种鱼类（图1-21）、虾、蟹、贝类及海藻类等水产品富含各种营养物质，种类齐全，易被人体吸收，生物利用率高，是人类获取蛋白质的主要源泉。

图1-21　鱼类

单细胞蛋白

单细胞蛋白（SCP）是指以工业方式培养的微生物菌体（如酵母菌、乳酸菌、霉菌等）。这些菌体含丰富的蛋白质，可用作人类食物或动物饲料。单细胞蛋白是微生物，短时间内便可增殖一代。

化学
前沿

1.2.3 脂类的作用

1. 储能、供能

脂类进入人体后经氧化可释放大量热能，人体所需总能量的 10%~40% 由脂类提供。1g 脂肪在体内氧化可供给约 38kJ 热量，是等量的糖类或蛋白质所供热量的一倍多。当人处于饥饿状态或在禁食期间，有 50%~80% 的能量来源于储存脂肪的氧化供能。

2. 构成组织细胞

脂类是人体细胞的重要组成部分。例如，脂类中的磷脂、糖脂和胆固醇是形成新组织、修复旧组织、调节新陈代谢和合成激素不可缺少的物质。一些甾体激素在体内产生离不开甾醇。

3. "保"温、"护"体

脂肪是热的不良导体，具有减少体内热量过度散失和防止外界辐射热侵入的作用，能维持人的体温和御寒。脂肪分布在各种脏器的间隔空间，在体内某些重要器官中起支撑和固定的作用，能够保护脏器免受震动和机械损伤。

4. 增进饱腹感及食物口感

脂肪在胃里停留很长时间，如果人们吃高脂肪含量的食物，就会有饱腹感而且不容易饿。此外，脂肪还可以增强食物的烹调效果，增加食物的香味，也能刺激消化液分泌。

5. 促进某些维生素的吸收

脂肪是脂溶性维生素（维生素 A、维生素 D、维生素 E、维生素 K 等）的良好溶剂，能促进脂溶性维生素的吸收与利用。当膳食脂肪不足或发生吸收障碍时，机体将逐渐缺乏脂溶性维生素。

6. 作为重要生理物质

磷脂可以去除黏附于血管壁的胆固醇，改善脂质代谢和血液循环，预防心脏病；卵磷脂在人体内转化为胆碱后，可促进脂肪代谢，防止脂肪在肝脏中积聚形成脂肪肝。

7. 提供人体必需脂肪酸

食物脂肪的水解提供了人体的必需脂肪酸。必需脂肪酸只能依赖人体从外界摄入，是合成很多生物活性物质（如磷脂、前列腺素、血栓素等）的原料。

必需脂肪酸

必需脂肪酸（essencial fatty acid，EFA）是指不能被机体合成，但又是人体生命活动所必需的，必须依赖食物供给的不饱和脂肪酸。目前被确认为人体必需脂肪酸的是亚油酸（linoleic acid）、α-亚麻酸（α-linolenic acid）及花生四烯酸（arachidonic acid）。花生四烯酸、二十二碳六烯酸（DHA）等都是人体不可缺少的脂肪酸，虽然人体可以利用亚油酸和α-亚麻酸合成这些脂肪酸，但合成过程中存在竞争抑制作用，导致它们在体内合成速度较慢，合成量远不能满足机体生理需要，所以它们仍需从食物中获得。总体而言，亚油酸和α-亚麻酸是最重要的人体必需脂肪酸。

1.3 吃出来的疾病

营养素在人体内要经过进食、消化、吸收和利用四个过程，这四个过程环环相扣，任一环节出现问题都有可能影响人体的健康。因此，营养是一个全面的生理活动，每一个环节都很重要。

1.3.1 与糖类代谢有关的疾病

1. 糖尿病

血糖的相对稳定性是由肝脏和神经调节并受到激素的控制。空腹血糖值大于 6.1mmol/L 则为高血糖症；而空腹总胆固醇超过 5.7mmol/L 或甘油三酯大于 1.7mmol/L 则为高血脂。空腹血糖水平超过 7.0mmol/L 则为糖尿病。糖尿病的症状表现为"三多一少"，即多饮、多尿、多食和体重减轻。长期高血糖易发展为糖尿病。

2. 低血糖症

低血糖症是指血糖浓度低于 2.8mmol/L 时所出现的一系列症状和体征。低血糖症会引起交感神经兴奋并增加肾上腺素分泌。低血糖的主要症状有饥饿、四肢无力、面色苍白、心悸、出汗等。若血糖浓度过低，脑组织因为缺乏能源可能发生功能性障碍，严重影响脑部机能，导致晕厥、昏迷、休克甚至死亡。

3. 眼疾病

糖在体内的代谢和输送需要维生素 B_1 参与，若糖类摄入过多，维生素 B_1 的消耗相应增加，视觉神经容易发生炎症。同时，体内过量的糖又使钙缺乏，致使角膜的弹性降低，易导致屈光不正，甚至失明。

4. 结核病

血液中糖过量时，会使白细胞的杀菌作用受到一定程度的抑制。结果结核菌可能乘虚而入，最终导致结核病。

1.3.2 与脂类代谢有关的疾病

1. 高胆固醇血症与心脑血管疾病

胆固醇是合成类固醇、维生素 D_3 和胆汁酸的主要原料。正常人 100mL 血液中胆固醇含量为 150~200mg。过量摄取动物脂肪会使血液中的胆固醇含量增加，容易沉积在动脉壁上，使动脉硬化，甚至发生梗阻或破裂，导致脑卒中和心肌梗死。植物油脂是含不饱和脂肪酸较多的一类油脂，有降低血清胆固醇的作用。亚油酸能够将胆固醇分解为胆汁酸，抑制肝脏中脂肪的合成。

2. 肥胖症

若人体摄入过多脂肪或糖类，多余的热量便会转化为中性脂肪储存起来，易导致肥胖。

3. 癌症

直肠癌、乳腺癌和子宫癌的发病率与每天总脂肪、胆固醇及饱和脂肪酸的摄入量呈正相关。

化语悦谈

知识无极限，相信大家在日常生活中对宏量营养素的了解也不少，许多人已经迫不及待要和大家分享了吧！

我先说，我先说！"营养"两个字，从字面意思来看，分别有着特定的含义，"营"字的意思是"谋求"；"养"字则代表"养生"。把两个字合起来，营养是谋求养生。

你好棒呀，不过你们知道什么叫"隐性饥饿"吗？这涉及微量营养素。微量营养素主要指矿物质和维生素，这是基于人体的营养需求而划分的。相对而言，微量营养素不为大众所知，所以它们更容易缺乏，而且一开始不易察觉，不会引起人们饥饿的感受，所以被称为"隐性饥饿"，容易被忽视。虽然人体对微量营养素的需要量较少，但如果长期摄入不足，可能会造成严重短缺，这将导致各种慢性疾病的风险增加。

你们都很厉害呀，我也知道一些呢！事实上，除了晚上睡觉，我们的大脑一直在高速运转，但是随着年龄的增长和各种因素影响，大脑记忆力和智力逐渐下降，这将影响工作效率和生活质量。因此，在平时，大脑应该补充各种营养素，如水、维生素、高酪氨酸蛋白、抗氧化剂等，以减缓大脑的衰退速度。

科学探究永无止境，学习是一生的事情，很多知识还需要我们进一步努力探索呢！

 参考文献

[1] 周利. 五谷为养　五果为助 [J]. 人民周刊，2020，（13）：78.

[2] 帕迪利亚. 科学探索者：化学反应. 3 版. 万学等译 [M]. 杭州：浙江教育出版社，2013.

[3] 郭家俭. 糖类知识问答 [J]. 中学化学，2022，（7）：20-21.

[4] 杜杨. 生活在分子的世界里 [M]. 北京：化学工业出版社，2013.

[5] 薛永强，赵红，栾春晖，等. 化学的 100 个基本问题 [M]. 太原：山西科学技术出版社，2004.

[6] 唐有祺，王夔. 化学与社会 [M]. 北京：高等教育出版社，1997.

[7] 陈德展. 化之道（化学卷）[M]. 济南：山东科学技术出版社，2007.

[8] 涂长信. 现代生活与化学 [M]. 济南：山东大学出版社，2006.

[9] 周公度. 化学是什么 [M]. 北京：北京大学出版社，2011.

[10] 海利·伯奇. 你不可不知的 50 个化学知识. 卜建华译 [M]. 北京：人民邮电出版社，2016.

 图片来源

章首页配图、图 1-1~ 图 1-3、图 1-17~ 图 1-21　https：//pixabay.com

图 1-7、图 1-8　https：//www.hippopx.com

图 1-12　https：//www.freeimages.com

2 揭秘食物百"味"人生

○ 食物的百"味"人生

○ 捕获美"味"的奥秘

○ 味之源——有才"调味品"

与空气、阳光和水一样，食物也是生活中必不可少的物质。随着人们对食物色、香、味等的要求不断提高，越来越多的食物被修饰得纷繁多姿、口味多样，不仅紧跟时尚潮流，有着美的外表，同时也有着个性十足的内在。有的酸爽，有的火辣，有的苦涩，有的甜美，尽显各自的魅力，可谓是有着奇妙的百味人生……当然，这些都离不开食物"美化"的法宝——调味品。

随着时代的发展，人们生存发展所必需的食物也在不断被改造和美化，人们的需求从只满足于吃饱逐渐发展到对食物色、香、味标准的不断提高。普通的食物可以有多样的口味、缤纷的色彩、多变的香气。为什么人类的饮食变得如此时尚？这其中到底有什么神奇之物在施展魔力？请屏息凝神，静静感受下面这段奇妙之旅吧！

2.1 食物的百"味"人生

动物靠味觉来判断食物的营养价值，避免食入有毒物质。对人类而言，味觉还有一层附加的意义，那就是享受美食所带来的愉悦。在我国，能够划分的味道主要有酸、咸、甜、苦、辣、鲜、香七味。

2.1.1 酸味

酸味是由有机酸和无机酸电离的氢离子（H^+）所产生。常见酸味的主要成分有乙酸（醋酸）、琥珀酸、柠檬酸、苹果酸和乳酸。有机酸大多为弱酸，能溶于水，参与人体正常的代谢，一般对人体的健康无影响，但酸味远不及无机酸强烈。柠檬就是公认的酸味食物，见图 2-1。乙酸的电离方程式如下：

图 2-1 酸味食物柠檬

$$CH_3COOH \rightleftharpoons CH_3COO^- + H^+$$

2.1.2 咸味

人们常称咸味为"百味之王"，是调制出各种复合味的基础。咸味具有提鲜增香、助甜减辣、软化增脆等作用。咸味是化合物中中性盐所体现的味道，如氯化钠（NaCl）、氯化钾（KCl）、氯化铵（NH_4Cl）等都有咸味。常见食用盐的主要成分为 NaCl，见图 2-2。

2.1.3　甜味

甜味是广受欢迎的一种味道。甜味的产生主要是氨羟基等甜味基团共同作用的结果。聚合度较低的糖类物质都有甜味。清甜可口的冰淇淋（图 2-3）就含有丰富的氨羟基等甜味基团。

图 2-2　咸味物质氯化钠

图 2-3　冰淇淋

2.1.4　苦味

苦味物质广泛存在于生物界。植物中主要有各种生物碱和藻类，如存在于咖啡、可可、苦瓜（图 2-4）等植物中的咖啡因、茶碱、嘌呤等生物碱类苦味物质；存在于柑橘、桃、杏仁、李子、樱桃等水果中的黄酮类、鼠李糖、葡萄糖等构成的糖苷类苦味物质；存在于动物胆中的胆汁具有极苦的味道，主要成分是胆酸、鹅胆酸及脱氧胆酸。粗盐中含有氯化镁（$MgCl_2$）、硫酸镁（$MgSO_4$）等，也具有苦味。

图 2-4　苦瓜

2.1.5　辣味

辣味是食物中一些不易挥发的刺激性物质，通过刺激口腔黏膜产生的一种感觉。辣味的成分较复杂，因此来源也较丰富。

食用辣椒果实中产生辣椒味的物质称为辣椒素。辣椒素具有很强的镇痛和消炎作用，且对人体无害。它还能有效阻止海洋生物附着在船舶表面，是制造无毒生物防污漆的成分，能保障轮船在海洋中正常航行。除此之外，辣椒素还可作为害虫驱避剂等[1]。

图 2-5　辣椒

　　具有辣味的食物主要有辣椒（图2-5）、胡椒、葱、姜、蒜等，其中的主要成分是辣椒素、姜烯酚、姜酮等物质。辣味可刺激舌与口腔的神经，同时刺激鼻腔，从而产生刺激的感觉。适当的辣味对人体是有益的，能够增进食欲，促进体内消化液的分泌，并起到一定的杀菌作用。大蒜和洋葱中同样含有具有特殊气味和辛辣口感的蒜氨酸等。此外，大蒜中含有的大蒜素具有抗菌、防止血小板凝聚等作用。因此，生食大蒜能发挥大蒜素的抗菌活性。

2.1.6　鲜味

　　味精、鸡精、蚝油、虾油、虾子、鱼露等的鲜味成分是各种酰胺、氨基酸。味精的鲜味成分是谷氨酸钠，鸡精的鲜味成分是肌苷酸钠。不同的食物对鲜味剂的需求不同，总的来说，鲜味剂都能帮助提升食物的口感，改善人们的味觉。

2.1.7　香味

　　香味来源于挥发性的芳香醇（如苯乙醇）、芳香醛（如苯丙醛）、芳香酮及酯类（如乙酸乙酯）等物质。香味调味品（图2-6）有茴香、桂皮、花椒、料酒、香糟、芝麻油、酱油、丁香花、玫瑰花等。由于所用原料及配方比例不同，配制出的香料可呈

图 2-6　各种香料

现出不同的香气。

2.2 捕获美"味"的奥秘

人类靠识别味蕾感知味道。人们常认为舌头上有特定区域专门识别一种味觉。调查发现，舌尖对甜味敏感程度最大，舌根对苦味敏感程度最大，而舌两侧负责酸味和咸味的识别。

事实上，味觉通过味觉受体细胞（taste receptor cell，TRC）产生。味觉受体细胞集中分布在味蕾上，而味蕾主要分布于舌、上颚表面和咽喉部黏膜的乳头上。味蕾的顶端是味孔，开口在舌头表面。每个乳头中有一到上百个味蕾，每个味蕾中有 50~150 个味觉受体细胞。味觉受体细胞识别不同的味觉刺激，经过编码形成神经电信号，这些信号中所包含的味觉信息通过特殊的感觉神经传输到大脑皮层，最终变为味觉。

生活中人们吃的食物都有不同的味道和口感，这些味觉是怎样产生的呢？研究发现，甜味和苦味的产生方式很相似。在味觉受体细胞表面存在一种信号蛋白，称为"G 蛋白偶联受体"，甜味和苦味就是由这种信号蛋白所产生。

人们能尝出谷氨酸单钠（味精）和天冬氨酸的特殊味道，这种味道就是氨基酸味，人们称之为鲜味，而鲜味也由特定的 G 蛋白偶联受体所产生。

对于咸味和酸味，人们认为这两种味道与钠离子（Na^+）和氢离子（H^+）进入细胞顶端的通道有关，但到底有无专门的咸味和酸味受体，目前还存在争论。通常认为，咸味的产生与食物中钠离子（Na^+）浓度升高有密切关系，而酸味则与食物中的氢离子（H^+）浓度升高密切相关。

史中有化

由于受到"味觉地图"的影响，之前人们一直误认为一种味觉只由一种舌区负责。1974 年，美国的柯林斯（Collings）通过在 15 名志愿者的不同舌区分别滴加不同浓度的氯化钠（咸味）、蔗糖（甜味）、柠檬酸（酸味）、尿素和奎宁（均为苦味）来检测志愿者能够分辨出的化学物质的最低浓度。该实验证明了 5 种味道在每个舌区都能被尝出，只是敏感阈值不同。首先，各区的阈值差别很小，没有什么实际应用价值。其次，各个舌区的尝出阈值重叠范围较大，如蔗糖的甜味，舌尖和舌侧后部的尝出阈值几乎持平；又如氯化钠的咸味，舌尖和舌前侧的尝出阈值也差不多。因此可总结为：物质的呈味性不同，尝出阈值也有差别。除此之外，人与人之间还存在一定的个体差异，这都是造成上述区别的重要因素[2]。

2.3 味之源——有才"调味品"

一个味蕾可以同时识别5种基本味道，而成人有约3000个味蕾，分布在口腔内。多"彩"的味觉世界藏着无尽的奥秘，说到底都离不开食物"美化"的法宝——调味品的功劳。

2.3.1 "我"的"古往今来"

我国作为具有五千年历史的文明古国，其独特的饮食文化与烹饪技艺同样历史悠久。早在春秋战国时期，人们就十分重视调味，在《周礼》《吕氏春秋》中就有了酸、甜、苦、辣、咸五味的记载[3]。我国古人巧妙地将各种单一的调味品组合起来，产生许多口味各异的复合味，从而创制出丰富多彩的味道。

人类刚开始食用熟食时，只是将食物烧熟，并未进行调味。后来生活在海滨的原始人类在食用加了天然盐粒的熟食之后，感觉味道鲜美。日积月累，原始人类渐渐明白白色小晶粒能增添食物美味，便开始收集盐粒，烧煮海水以提取食盐的方法就这样发明出来了。我国是最早生产和使用糖、酱和酱油等的国家。

图 2-7 白糖

早在周代，以动植物为原料的酱调味料就已问世，《论语》中也提到孔子"不得其酱，不食"。在周代，醋、豆豉等调味品的发明均有一定的记载。汉代开始出现以豆、麦等植物为原料生产豆酱的工艺。唐朝的鉴真和尚把中国的白糖（图2-7）生产技术带到日本。除此之外，古人还总结出"春多酸、夏多苦、秋多辛、冬多咸""南甜北咸,东辣西酸"等调味品的使用规律,展现了我国调味品深厚的历史底蕴。

现代意义的调味品是指在科学调味理论的指导下,各种基础调味品按照一定的比例进行调配制作,从而得到满足不同食物需要的调味品。调味品使用的原料种类较多,常用原料主要有咸味剂、鲜味剂、增鲜剂、酵母精、甜味剂、香精与香辛料、水解动植物蛋白、着色剂、辅助剂等。

2.3.2 "我"种类各异,精通十八般武艺

调味品是一种有益于人体健康的食品原料,泛指运用各种调味方式,调和食品滋味,从而达到促进食欲的目的。调味品作为人类生活中不可或缺的一员,不仅具有改善食物色、香、味的作用,还有一定的杀菌功能和保健功效,可改善食物的储藏性。我国传统调味品主要有食盐、酱、酱油、食醋、豆豉、腐乳等品种[4]。随着调味品的日益发展,如今的调味品行业逐渐向产品多样化、复合天然化、营养健康化方向发展。

1. 盐

盐种类繁多,根据不同划分依据有不同划分方式。传统食盐(必供盐)的主要成分为氯化钠(NaCl),根据来源不同,可分为海盐(图2-8)、井盐、湖盐、岩盐等。根据加工工艺不同,又有粗盐和精盐之分。选择盐是指低钠盐、加锌盐、加碘盐、调和盐和海藻盐等满足不同消费者需求的食盐。低钠型食盐色泽雪白、颗粒细小,其中钠元素含量较普通食盐低,但口味与普通食盐相似,对食物的口感没有任何影响,是十分理想的烹饪用盐。

图2-8 海盐

2. 酱

酱(图2-9)是以豆类、粮食为主要原料,米曲霉为主要发酵微生物,经过一段时间发酵后制成。酱不但具有丰富的营养,有益于人体健康,而且易被人体消化吸收,是一种十分健康的调味品。

图 2-9　甜面酱（a）和黄豆酱（b）

3. 酱油

酱油的主要成分有氨基酸、糖类、有机酸等，是具有独特色、香、味的传统调味品和营养丰富的功能性食品，其色泽红亮，滋味鲜美，有助于促进食欲。

化学视界

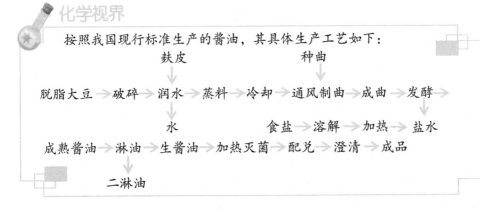

4. 食醋

食醋具有杀菌消毒的作用，可用于疾病的预防和治疗。此外，食醋还具有消除疲劳、防止动脉硬化及降低血压的功效。

我国是世界上最早开始谷物酿醋的国家，具有丰富多样的食醋种类，如用高粱作原料的山西老陈醋，用糯米作原料的镇江香醋，用麸皮作原料的四川保宁麸醋，用大米作原料的江浙玫瑰米醋，以糯米、芝麻、红曲为原料的福建红曲老醋，此外还有营养强化型食醋，如加铁强化醋。酿醋过程中涉及的主要化学方程式如下：

$$(C_6H_{10}O_6)_n + nH_2O \xrightarrow{\text{催化剂}} nC_6H_{12}O_6$$
$$\text{淀粉} \qquad\qquad\qquad\qquad \text{葡萄糖}$$

$$C_6H_{12}O_6 \xrightarrow{\text{催化剂}} 2C_2H_5OH + 2CO_2\uparrow$$
$$2C_2H_5OH + O_2 \xrightarrow{\triangle} 2CH_3CHO + 2H_2O$$
$$2CH_3CHO + O_2 \xrightarrow{\triangle} 2CH_3COOH$$

5.味精

味精（图 2-10）是日常生活中最常见的调味品之一，在人体代谢过程中可生成谷氨酸，这是构成蛋白质的氨基酸之一。但味精在消化过程中分解出的谷氨酸，在脑组织中经酶催化，可转变成一种抑制性神经递质。当味精摄入过多时，这种抑制性神经递质会使人体各种神经功能处于抑制状态，从而出现眩晕、头痛、嗜睡、肌肉痉挛等一系列症状。

图 2-10　味精

除酱油、食醋、味精等传统调味品外，复合调味料的使用也已逐渐上升到调味品的前列。辣酱、五香粉、复合卤汁调料、蚝油等，甚至家庭烹调时调制的料汁及饭店厨师调制的高档调味汁都属于复合调味料。现代复合调味料是指采用多种调味料，具备特殊调味作用，实现工业化大批量生产，产品规格化和标准化，有固定的保质期，在市场上销售的商品化包装调味品。复合调味品具有天然化、方便化、健康化、专业化和风味多元化等特点，是当今调味品行业进一步发展的大趋势。很多国家复合调味品的开发延伸到医药保健领域，是复合调味品发展的一大方向[5]。

食物百味之奇，究其根本，在于调味品中蕴藏的各种美味。每一种味道，都给人一种新的体验和经历，咸咸的盐，酸酸的醋，甜甜的糖等，不同形式的组合都带给人们全新的口感和滋味。中华饮食文化博大精深，其中调味品发挥了不容小觑的作用。可以说，每一种调味品的背后都蕴藏着丰富的历史文化，都可衍生出一种特色的口味文化，食物的百味人生之奇皆在于此……

化语悦谈

学无止境，按捺不住内心激动的你赶紧趁热打铁和大家分享一下你在旅途中的新奇见闻吧！

大家好，我给你们带来我的一个意外发现。其实呀，中国传统调味品不仅名扬本土，而且越来越走向世界了。走在世界各地，都随处可见中国调味品的身影……

厉害了，厉害了！不过我还知道，调味品像人类一样，并非完美，传统调味品和复合调味品各有优缺点，如味精，虽然它能提升食品的鲜香味，但如果过量使用，超出标准用量，就会造成身体疾病，危害健康。又如，海鲜酱等复合调味品，虽然在口感上更为鲜美，但到目前为止仍以酿造为主，且产品多为液体，运输有诸多不便，甚至一些配制调味品只注意味而忽视了色和营养。

你们总结得都很棒！看来我要给你们放点儿大招啦。其实呀，形形色色的调味品还承载着我国源远流长的传统文化呢。古人有云："善烹调者，酱用伏酱，先尝甘否；油用香油，须审生熟；酒用酒酿，应去糟粕；醋用米醋，须求清冽"。又有："调和之事，必以甘酸苦辛咸，先后多少，其齐甚微，皆有自起。鼎中之变，精妙微纤，口弗能言，志不能喻"。可以说，每一种传统调味品的背后都蕴含着丰富的历史文化，都可衍生出一种特色的口味文化，如醋文化、酱文化等。它们都是人们在漫长的饮食实践中总结形成的，也是中国博大的饮食文化乃至深厚的传统文化的重要组成部分。

参考文献

[1] 熊昕洱，周芮，刘小琴，等. 辣椒素的药理学作用及其在口腔医学中的研究进展 [J]. 海南医学，2023，10：1514-1518.

[2] Collings V B，Lindberg L，McBurney D H. Spatial interaction of taste stimuli on human tongue[J]. Bulletin of the Psychonomic Society，1974，4(4)：244.

[3] 励建荣，姚蕾，蒋予箭，等. 中国传统调味品的现代化 [J]. 中国调味品，2004，（4）：3-9，13.

[4] 李旭，王新梅，魏莹，等. 浅谈我国常用调味品的发展与展望 [J]. 中国调味品，2013，（9）：18-23.

[5] 王雪梅. 我国复合调味品的发展趋势 [J]. 中国调味品，2014，（4）：132-134.

 图片来源

章首页配图、图 2-2~ 图 2-5　https：//cc0.cn

图 2-1　https：//pixabay.com

图 2-7、图 2-8、图 2-10　https：//www.hippopx.com

3 群星闪耀的维生素家族

○ 传奇"人生"

○ 作用功效

○ 命名方法

○ 家族成员

○ 取之有"度"

人类每天摄入的营养物质中，除了糖类、油脂、蛋白质、水和无机盐，还有必不可少的维生素。维生素是人类所需的六大营养素之一，参与生物生长发育和新陈代谢，这类小分子有机化合物对人类有着十分重要的作用。

维生素是人类所需的六大营养素之一，参与动植物生长发育和新陈代谢，这类小分子有机化合物对人类有着十分重要的作用[1]。维生素是什么时候进入科研领域的呢？它的作用功效又体现在哪些方面呢？人们熟知的维生素 A、B$_1$、B$_2$，以及维生素 C 和维生素 D 是根据什么来命名的呢？人们应该如何科学合理地使用维生素呢？下面就一起来认识这一群星闪耀的大家族吧！

3.1 传奇"人生"

早在 20 世纪 20 年代，人类就发现了维生素。维生素是具有复杂结构的一类微量小分子有机化合物，是动植物生长和新陈代谢必需的营养物质之一。在维生素被发现之前，维生素缺乏引起的疾病对人类的生命健康造成了极大的威胁。例如，缺乏维生素 C 会引起坏血病，患者表现为口鼻出血，牙龈腐烂，皮肤布满血点，口腔有恶臭，最后内脏出血死亡。坏血病作为在 13~20 世纪远航海员中的不治之症，远航海员谈之色变。又如，缺乏维生素 B$_1$ 导致的脚气病，患者由于长期摄入粗粮不足，导致严重的神经炎，表现为脚部浮肿，下肢麻木，肌肉疼痛，心悸气喘，血压下降，最终心力衰竭而死[2]。

1897 年荷兰军医艾克曼推测出维生素的功用并且通过实验得到了证实；1911~1912 年波兰科学家芬克成功提取出维生素并进行分离，随后对其正式命名，至此维生素正式面世！该发现推翻了以往人们认为蛋白质是健康饮食基础的营养学和饮食理论。随着时代的发展，科学家又发现了与这种维生素结构相似但功能不同的其他维生素，人们把这些物质归为一类，统称为 B 族维生素。

随着越来越多的维生素被科学家认识和发现，这些小分子有机物逐渐成为一个大家族。为了便于记忆和研究，按照维生素被发现的先后顺序，科学家用 A、B、C、…、L、P、U 的顺序进行排列，并把同一族中不同种类的维生素用阿拉伯数字标记，如 B 族维生素中包括维生素 B$_1$、B$_2$、…，直至 B$_{17}$。历史上因维生素的发现共颁发了 5 次诺贝尔奖，可见维生素是 20 世纪最伟大的科学发现之一！

史中有化

英国水手的绰号叫做"Limey"，这个名称来源于他们喝 lime juice（酸橙汁）以防治坏血病。酸橙汁中防治坏血病的物质就是维生素C。当年储藏包装酸橙汁用的柳条箱的英国伦敦泰晤士区至今还叫"酸橙库"。

3.2 作用功效

目前人类发现的维生素已有几十种，其中 13 种对人类健康和发育都起着举足轻重的作用，主要影响人体健康的是维生素 A、B、C、D 四类，此外还有维生素 E、K、P 等。维生素能维持细胞的正常功能，调节新陈代谢，促进生长，增强人体抵抗力。每种维生素的功效不尽相同（表 3-1）[3]。

表 3-1　维生素的功效

分类	名称	分子式	主要生理功能	来源
脂溶性维生素	维生素 A（视黄醇）	$C_{20}H_{30}O$	防治眼干燥症、夜盲症、视神经萎缩，促进生长	鱼肝油、绿色蔬菜等
	维生素 D（抗佝偻病维生素）	维生素 D_2：$C_{28}H_{44}O$　维生素 D_3：$C_{27}H_{44}O$	调节人体钙、磷代谢，预防佝偻病和软骨病	鱼肝油、蛋黄、乳类、酵母等
	维生素 E（生育酚）	$C_{29}H_{50}O_2$	抗氧化，预防不育症和习惯性流产	鸡蛋、肉、肝脏、鱼、植物油等
	维生素 K（凝血维生素）	$C_{31}H_{46}O_2$	凝血酶原和辅酶合成，促进血液凝固	菠菜、苜蓿、白菜、肝脏等
水溶性维生素	维生素 B_1（硫胺素）	$C_{12}H_{17}ClN_4OS$	促进食欲，帮助消化，维持神经健康，促进生长和增加抗病能力，对神经组织的正常机能特别重要	米糠、花生米、胡桃、蚕豆等
	维生素 B_2（核黄素）	$C_{17}H_{20}N_4O_6$	维持神经、消化器官和视觉器官的健康，是生物生长发育所必需的物质。能够预防口角溃疡、唇炎、舌炎和眼内干燥、角膜炎等	干酵母、动物肝脏、蛋黄、糙米、卷心菜、菠菜和萝卜等

续表

分类	名称	分子式	主要生理功能	来源
水溶性维生素	维生素 B$_6$（吡哆素）	$C_8H_{10}NO_5P$	促进氨基酸及脂肪的代谢作用。预防贫血、肌肉无力和粉刺等	肝脏、蛋、牛奶、豆类、花生等
	维生素 B$_9$（叶酸）	$C_{19}H_{19}N_7O_6$	维持神经、消化器官和视觉器官的健康，预防口角溃疡、唇炎、舌炎和角膜炎等	干酵母、动物肝脏、蛋黄、糙米、卷心菜、菠菜和萝卜等
	维生素 B$_{12}$（钴胺素）	$C_{63}H_{88}CoN_{14}O_{14}P$	促进蛋白质的生物合成，影响婴幼儿的生长发育；也可促进红细胞的发育和成熟，使肌体造血机能处于正常状态，预防恶性贫血等	肉类、大豆及一些草药
	维生素 C（抗坏血酸）	$C_6H_8O_6$	还原剂，预防坏血病，促进胆固醇代谢	新鲜水果和蔬菜
	维生素 H（生物素）	$C_{10}H_{16}N_2O_3S$	预防皮肤病，促进脂类代谢	肝脏、酵母
	维生素 P（柠檬皮精）	$C_{27}H_{30}O_{16}$	与蛋白质结合形成酶类，促进细胞复原，增加微血管的抵抗力	新鲜蔬菜和水果
	维生素 PP（尼克酸、烟酸）	$C_6H_5NO_2$	预防糙皮病、舌炎、口炎，治疗血管性头痛、冻伤	酵母、米糠、谷类、肝脏等

化学视界

必需维生素的特征如表3-2所示。

表3-2 必需维生素的特征

特点	具体含义	举例
外源性	人体自身不可合成，需要通过食物补充	食用苹果、橘子、菠菜等补充维生素C
微量性	人体所需量很少，但是可以发挥巨大作用	补充维生素A可有效防治干眼病、夜盲症等
调节性	维生素能够调节人体新陈代谢或能量转变	维生素C能有效促进胆固醇代谢
特异性	缺乏某种维生素后，人体将呈现特有的病态	缺乏维生素D可能会导致佝偻病、肌肉酸痛

3.3　命名方法

1912 年，波兰化学家芬克在米糠中发现了能预防脚气病的一种含有氨基的有机物（维生素 B_1），并将其命名为 "vitamin"。这个词由拉丁文的 "生命（vita）" 和 "氨（-amin）" 两个词根合成，因为当时芬克认为维生素都属于胺类。虽然后来证明并非如此，但是这个名称仍然被保留下来，并沿用至今。

根据维生素的发现顺序，按照英文字母的排序 A、B、C、D、E、…对维生素进行命名，维生素分别被称为维生素 A（vitamin A）、维生素 B（vitamin B）、维生素 C（vitamin C）和维生素 D（vitamin D）。对于同一族的维生素，通常在英文字母右下方标注阿拉伯数字加以区分。除此之外，也可以根据维生素的主要生理功能和化学结构特征进行命名，称为习惯命名法。例如，维生素 A 可以防治眼干燥症、夜盲症，故又称抗干眼病维生素；维

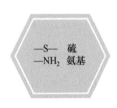

生素 B_1 的分子结构中既含有硫也含有氨基，故又称硫胺素。这样一来，同一种维生素有了多个名字，为了统一维生素的命名，改变维生素命名混乱的现象，1970 年国际纯粹与应用化学联合会（IUPAC）和国际营养科学会曾提出维生素命名法则的建议，但由于维生素的化学名称长而复杂，目前国际上仍沿用习惯命名法（图 3-1）。

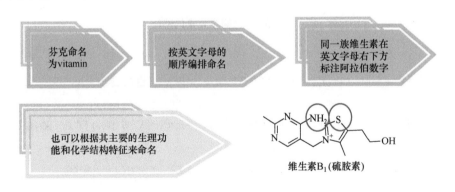

图 3-1　维生素的命名

3.4 家族成员

维生素的家族成员越来越多，科学家依据物理性质不同将维生素分为水溶性和脂溶性两类（图3-2）。只能溶解在脂肪中而不溶于水的维生素称为脂溶性维生素，包括维生素A、D、E、K等。这些物质可随脂肪进入人体被细胞吸收利用，过量的脂溶性维生素储存在肝脏中，积累过多时易引起中毒。只能溶解在水中的维生素称为水溶性维生素，包括B族维生素中的B_1、B_2、B_6、B_{12}以及维生素C、维生素H、维生素P等。水溶性维生素被吸收后在人体内储存很少，过量的部分通常以尿液、汗液等形式排出体外，因此不易引起中毒，但需要每日摄入补充。

图 3-2　维生素的分类

3.4.1　维生素 A 族

维生素 A 为脂溶性的一种长链醇（不饱和一元醇），包括维生素 A_1（视黄醇）和维生素 A_2（3- 脱氢视黄醇）两种。活性最高的是全反式结构的视黄醇，其结构式如图 3-3 所示。

图 3-3　维生素 A_1 的结构式

视黄醇在人体内可被氧化成视黄醛，视黄醛的醛基可与视蛋白中赖氨酸的 ε- 氨基形成席夫（Schiff）碱进而结合形成视紫红质（化学方程式如图 3-4 所示），这是一种存在于人视网膜的视杆细胞中的重要物质，可以维持眼睛在傍晚或暗处视物时的视力。当人体缺乏维生素 A 时，视紫红质就会减少，引起夜盲症，同时也会影响人的正常生长发育，使上皮组织干燥，抗病菌能力降低，易感染疾病。

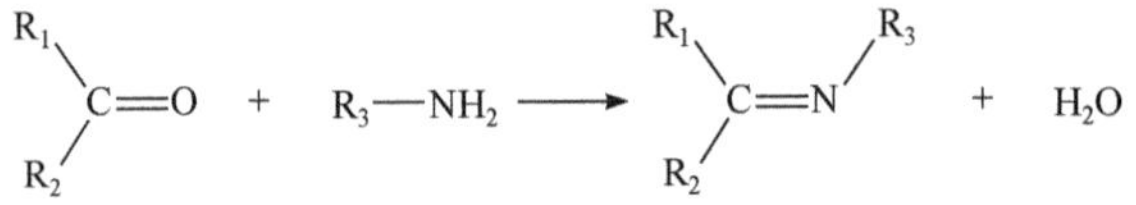

$$R_3-NH_2 \longrightarrow \quad + \quad H_2O$$

图 3-4　视紫红质形成过程

维生素 A 为淡黄色片状结晶，熔点为 64℃，化学性质活泼，易被氧化，受紫外光照射容易失去活性。维生素 A 一般只存在于动物组织中，特别是内脏。除此之外，蛋黄、乳制品中维生素 A 含量也较多。植物中存在维生素 A 原，如 β- 胡萝卜素。在人和动物的肝脏与肠壁的胡萝卜素酶氧化下，维生素 A 原能转变为维生素 A。因此，人们可以多吃一些富含 β- 胡萝卜素的红色、黄色和绿色的蔬菜和水果，如胡萝卜、南瓜、苋菜、菠菜等。

3.4.2　维生素 B 族

维生素 B 又称硫胺素，它广泛存在于植物中，是所有植物生长和代谢所必需的维生素。目前已经发现的有维生素 B_1、B_2、B_4、B_5、B_6 和 B_{12} 等。例如，维生素 B_6 具有防治动脉硬化的作用，可以作为辅酶参与脂类代谢。维生素 B_{12} 又称钴胺素，参与人体内甲硫氨酸的合成，并且在人体新陈代谢过程中保持一些酶中的硫氢基团处于还原状态，从而保持酶的活性。缺乏维生素 B_{12} 时，不但糖的代谢作用会下降，人体中脂肪的代谢也会受到影响，导致恶性贫血，因此人体必须每天补充维生素 B_{12}。B 族维生素在人体中相互协调，共同配合，缺一不可，市场上常有复合维生素 B 片剂供患者服用。

1. 维生素 B_1

20 世纪初，波兰和日本化学家分别从米糠中提取了维生素 B_1，又称硫胺素或抗脚气病维生素，其结构式如图 3-5 所示。

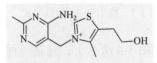

图 3-5　维生素 B_1 的结构式

维生素 B_1 广泛存在于植物中，是所有植物生长和代谢所必需的维生素，可以作为辅酶协助酶在糖的代谢中完成对人体至关重要的催化任务。如果人体缺乏维生素 B_1，酶则无法单独完成催化反应，导致丙酮酸（糖类代谢的中间产物）在体内大量堆积，容易引起神经炎、脚气病等疾病。维生素 B_1 是迄今为止人类最早发现的维生素，且人类的健康与之息息相关。

2. 维生素 B_2

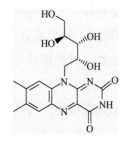

细胞核内含有维生素 B_2（图 3-6），为金黄色针状晶体，是一种含有核糖醇基的物质，又称为核黄素或维生素 G。1879 年英国化学家布鲁斯率先从乳清中发现了维生素 B_2，1933 年美国化学家哥尔倍格从牛奶中提纯出该物质，1935 年德国化学家柯恩和瑞士的卡拉用人工方法合成了维生素 B_2。

图 3-6　维生素 B_2 的结构式

维生素 B_2 可以作为辅酶参与生物氧化作用，进入人体后被磷酸化，转变为磷酸核黄素等物质，再与蛋白质结合，成为一种能够调节氧化还原过程的脱氢酶，在人体内的许多氧化还原反应和代谢中起着不可替代的重要作用。人体缺乏维生素 B_2，容易引起口角炎、舌炎、角膜炎等，严重时会导致嘴唇溃烂，嘴角出现裂缝。动物的内脏中含有丰富的维生素 B_2，如肝脏、肾脏等。

3. 维生素 B_6

维生素 B_6（图 3-7）又称吡哆素，通常为无色晶体，包括吡哆醇、吡哆醛和吡哆胺，三者在人体内可互相转化，形成具有生理活性的磷酸吡哆醛和磷酸吡哆胺，成为多种转氨酶、脱羧酶及消旋酶的辅酶。维生素 B_6 参与体内氨基酸的脱羧作用、色氨酸的合成、含硫氨基酸和不饱和脂肪酸的代谢等许多重要的生理过程，是动物正常发育所必需的营养成分。通常使用的维生素 B_6 为易溶于水的盐酸吡哆醇，在酵母、肝脏、谷粒、肉、鱼、蛋、豆类及花生中含量较多。

吡哆醇　　　　　吡哆醛　　　　　吡多胺

图 3-7　维生素 B_6 的结构式

4. 维生素 B₁₂

维生素 B_{12} 是含钴的复杂有机化合物，又称钴胺素，外观为深红色结晶，是生物体内发现的第一个含有 C—Co 共价键的化合物，也是唯一含有金属原子的维生素。维生素 B_{12} 的结构式如图 3-8 所示。维生素 B_{12} 在中性溶液中比较稳定，在酸性、碱性溶液中以及光照下会失去活性。维生素 B_{12} 能够参与核酸、胆酸和蛋氨酸的合成，以及脂肪、糖类的代谢，对人体制造红细胞、保护免疫系统功能具有重要作用[4]。

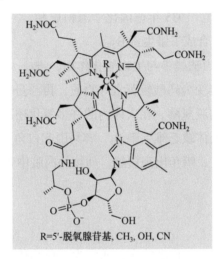

R=5'-脱氧腺苷基, CH₃, OH, CN

图 3-8　维生素 B₁₂ 的结构式

3.4.3　维生素 C

维生素 C（图 3-9）又称抗坏血酸，是一种具有 6 个碳原子的多羟基化合物，有酸性和还原性。维生素 C 是水溶性维生素，进入人体后在小肠上段被吸收，输送到体内的水溶性组织中，绝大部分经代谢分解成草酸，最后由尿液排出；少部分直接通过尿液排出体外。

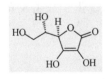

图 3-9　维生素 C 的结构式

维生素 C 在人体中具有无可替代的特殊作用。通过其本身的氧化还原作用可以在生物氧化过程中作为氢的载体；能够促进细胞间黏合物以及血红蛋白的合成，使伤口在短时间内愈合；能降低化学毒物和细菌毒素对人体的毒害，能够防治以多处出血为特征的坏血病。缺乏维生素 C

会出现牙龈出血，牙齿松动，骨骼脆弱，黏膜及皮下易出血，伤口不易愈合等症状[5]，因此日常生活中人们需要每日补充适量的维生素C。如何通过日常饮食满足人体每日所需的维生素C呢？研究发现，维生素C广泛存在于柠檬、橘子、番茄、甜红椒等水果和蔬菜中。

维生素C——健康重要元素

维生素C又称抗坏血酸，存在于许多新鲜水果和蔬菜中，如辣椒、韭菜、油菜、柑橘、猕猴桃等。但食物中维生素C在烹调加热、遇碱或金属时易被破坏而失去活性，蔬菜切碎、浸泡、挤压、腌制也可能导致维生素C损失。

3.4.4 维生素D

维生素D又称抗佝偻病维生素，外观为黄色油状液体。存在于酵母和某些植物中的麦角固醇在紫外线照射下生成的维生素D称为维生素D_2（图3-10）。人的皮肤在太阳光紫外线的照射下，储存于皮下的7-脱氢胆固醇会转变为维生素D_3（图3-11），因此维生素D又称为阳光维生素。

除了保护骨骼，维生素D还有许多其他功能，它被证实可以保护肌肉力量和保护人类免受多发性硬化症（MS）、糖尿病、甚至癌症等致命疾病的威胁[6]。

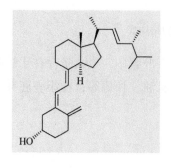

图3-10 维生素D_2的结构式

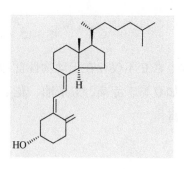

图3-11 维生素D_3的结构式

维生素 D 对于幼小动物体的生长发育起着至关重要的作用，可以控制钙和磷的吸收。儿童缺乏维生素 D 会得软骨病（又称佝偻病）。成人体内缺少维生素 D 时，吸收钙和磷的能力降低，血液中钙和磷的含量下降，骨骼不能正常钙化，易弯曲变形，甚至骨盐也会溶解，从而导致骨骼软化。各种鱼类、蛋黄、牛奶、动物内脏中都含有大量维生素 D，而人体每天应摄取维生素 D 的量大约只有 25mg，因此只要保证每天接受太阳光照，就不必另外专门服用维生素 D。

3.4.5 维生素 E

维生素 E（图 3-12）又称生育酚，是一组化学结构相似的酚类化合物的总称，外观为黄色油状液体。其功效有：①作为强抗氧化剂，能抵抗自由基的侵害，有抗衰老作用；②参与抗体形成，防治冠心病、高脂血症，经常服用维生素 E 可以预防皮下胆固醇的氧化和致癌物质的产生；③能扩张皮肤血管、增强血液循环，常用于治疗因皮肤血液循环障碍而引起的皮肤病；④可以治疗肌肉萎缩等病症，防治糖尿病；⑤作为抗氧化剂防止细胞膜上不饱和脂肪酸氧化，进而防止红细胞破裂溶血，从而延长红细胞的寿命；⑥还可以防止巯基被氧化，保持某些酶的活性，能够抗衰老和防治肿瘤。但维生素 E 是脂溶性维生素，不易随着尿液、汗液等代谢排出，长期过量服用维生素 E 可能会增加心血管疾病的发病率。

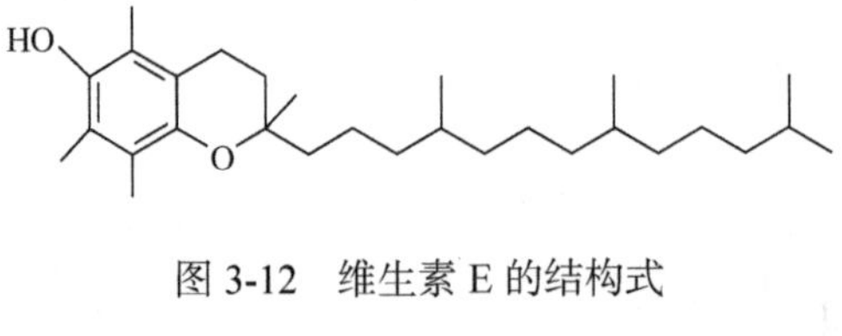

图 3-12　维生素 E 的结构式

维生素 E 不仅存在于动物性食物如蛋黄、肝脏中，也大量存在于植物性食品中，如豆类、蔬菜、玉米油、花生油、芝麻油、甘薯等，在小麦胚芽油中含量最丰富。

3.4.6 维生素 K

维生素 K 具有促进凝血的功能，又称为凝血维生素。根据分子中所含取代基的差异，分为维生素 K_1、K_2、K_3、K_4 四种。维生素 K_1 广泛存在于天然绿色植物中，如菠菜；维生素 K_2 由人体肠道细菌合成；维生素 K_3、K_4 是化学合成的，目前临床上经常使用。常见的有维生素 K_1 和维生素 K_2 两种。维生素 K_1 和 K_2 的结构式分别如图 3-13 和图 3-14 所示。

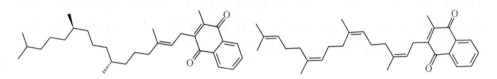

图 3-13　维生素 K_1 的结构式　　　　图 3-14　维生素 K_2 的结构式

维生素 K 的主要生理功能是促进血液凝固，除此之外，它还能够作为电子传递体系的一部分，参与氧化磷酸化过程。由于人的肠道细菌能够合成维生素 K，绿色植物中也含有丰富的维生素 K，因此人体对维生素 K 需求量很少，较少出现维生素 K 缺乏症。但如果人体缺少维生素 K，则会丧失凝血功能，导致凝血时间延长，严重者会流血不止甚至死亡。维生素 K 的凝血功能被广泛地应用于医学领域。维生素 K 广泛存在于绿色蔬菜中，如甘蓝、西蓝花、白菜等。此外，纳豆中也含有丰富的维生素 K。

3.4.7 维生素 P

维生素 P（图 3-15）是一种天然的黄酮苷，外观为黄色结晶。它能有效地防止维生素 C 被氧化，也能增强毛细血管壁，防止瘀伤。在医学领域，维生素 P 有助于预防和治疗牙龈出血，也有助于因内耳疾病引起的浮肿或头晕的治疗，对于治疗毛细血管透性增大的紫斑病具有良好的效果。柑橘类水果、杏、枣、樱桃、茄子、荞麦、茶、紫甘蓝等新鲜果蔬中都富含维生素 P。

图 3-15　维生素 P

3.5 取之有"度"

维生素从发现到进入千家万户经历了 100 多年的时间，这类小分子有机化合物能够有效预防维生素缺乏症，促进人类身体健康。在日常生活中，是不是所有人都需要服用维生素呢？维生素是否多多益善呢？长期服用维生素是否会对身体造成危害呢？

其实，只要全面均衡地摄入营养，完全不必额外补充维生素，通常情况下只有饮食不均衡的人群才需要服用药物补充维生素。在营养均衡的情况下，过量服用维生素对身体无益甚至有害，尤其是脂溶性维生素，长期服用会产生毒副作用，严重时甚至会损伤人体器官[7]。

维生素 A 过量会导致慢性中毒，引起骨骼脆化。成人可发生脑压升高、头痛、呕吐，儿童则出现厌食、恶心、烦躁、惊厥等症状。

维生素 C 以每日补充服用 75mg 为宜。过量会导致腹泻、胃出血，早期坏血病、血栓、结石以及婴儿依赖性疾病。小儿生长时期摄入过量维生素 C，容易产生骨骼疾病。

通常情况下，成人体内的维生素 D 是充足的。若摄取维生素 D 过量，人体只能从胆汁排出部分过多的维生素 D，易引起血管硬化、肾结石等病症。儿童长期超量服用维生素 D，会引起关节肿大、骨骼僵硬、过度生长、食欲下降、恶心呕吐、头痛多尿等症状。

维生素 E 每日需要量约为 50mg，正常人通常不易缺乏维生素 E。维生素 E 过量服用易引起血小板聚集和血栓形成，大剂量服用可导致胃肠功能紊乱、眩晕、视力模糊等。

以上几种维生素在过量服用的情况下都会对人体造成不小的伤害，那么其他维生素是不是也如此呢？研究表明，维生素 C、B_1、B_2、B_6 等虽然无毒性，但超过人体所能吸收的部分会随体液排出体外，也并不是多多益善[8]。不仅是维生素，生命体对任何营养素的需求都是有其浓度范围的，因此人们需要合理科学地使用维生素。

 化语悦谈

 哇！原来维生素不仅是个庞大的家族，每种类别的维生素还具有不一样的作用，在我们的健康生活中有着举足轻重的地位。

 没错，但是一定要记住"适度取用"！如果超量了，则会适得其反！

 你们说的都很对，但我还有一个疑惑，维生素和我们生活中的微量元素有什么关系呢？

 这二者有很大差别啊！维生素是人体为维持正常的生理活动而必须获得的一类微量有机物的统称，是生物体所需要的微量成分。而微量元素是针对化学元素而言，研究体系中含量小于0.1%称为微量元素，或称痕量元素。

 原来如此！那维生素和我们所说的碳水化合物又有什么区别呢？

维生素与碳水化合物、脂肪和蛋白质三大物质不同，在天然食物中仅占极少比例，但又为人体所必需。有些维生素，如维生素K能由动物肠道内的细菌合成，合成量可满足动物的需要。除灵长类及豚鼠以外，其他动物都可以自身合成维生素C。植物和多数微生物都能自己合成维生素，不必由体外供给。许多维生素是辅基或辅酶的组成部分。

　　也就是说，维生素是一类微量而又必不可少的调节物质，这类物质在体内既不是构成身体组织的原料，也不是能量的来源，通常从外界获取。

 ## 参考文献

[1] 唐有祺，王夔．化学与社会 [M]．北京：高等教育出版社，1997．

[2] 刘文芳，吴志刚．维生素的发现 [J]．中国科技信息，2008，（13）：205-207．

[3] 魏卿．关于维生素对人体的功效综述 [J]．中小企业管理与科技（上旬刊），2010，6：262．

[4] 周公度．化学是什么 [M]．北京：北京大学出版社，2011．

[5] 柳一鸣．化学与人类生活 [M]．北京：化学工业出版社，2011．

[6] Janet Raloff，赵永娟．维生素 D 的新发现 [J]．基础医学与临床，2005，（2）：192-193．

[7] 汪朝阳，肖信．化学史人文教程 [M]．北京：科学出版社，2010．

[8] 薛永强，赵红，栾春晖，等．化学的 100 个基本问题 [M]．太原：山西科学技术出版社，2004．

 ## 图片来源

章首页配图　　https://pixabay.com

4 造福人类的化学药物

○ 药物的"毛遂自荐"

○ 药物的几大"名门望族"

○ 如何获取药物

○ 如何安全用药

随着现代人们的生活压力增大、很多疾病的发生概率逐渐增大，越来越多的药物被人们需要。生活中逐渐出现的富贵病也越来越多。因此，药物在人们生活中的地位越来越重要。但是，如何用好药物仍然是一门学问。

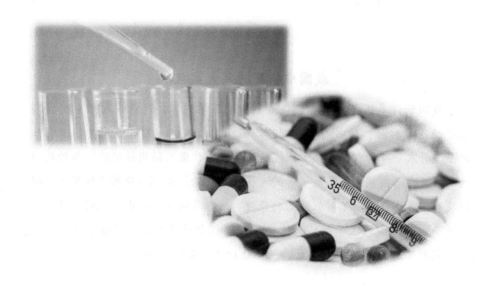

最早的药物来源于天然物质。随着科技的发展，出现了一些人工合成的新物质以供人们选择。后来又逐步合成了更为复杂的化合物，进一步拓宽了药物来源。如今生活中的药物种类繁多，从麻醉药、止痛药到激素、疫苗以及抗癌药等，将来还会有更多的药物开发出来。而不同的药物，其作用效果也不同。如很多药不能多吃，否则会引起副作用。因此，要用好药，就必须了解药。下面一起去认识药物吧！

4.1 药物的"毛遂自荐"

药物是指用于预防、治疗人的疾病或维持人体功能、保持身体健康的一类特殊物质。

我国药物的历史可追溯到人类社会初期，人们在生活中发现某些植物可以治疗疾病和缓解伤痛，如青蒿可以退热，人参有健脾的功效，枸杞（图4-1）可以明目等。

早期发现的药物多来源自然界，如使用金鸡纳树皮治疗疟疾才发现了奎宁。随着科技的进步和科学家的努力，药物分子的设计与合成逐步由经验方式向半经验或理论指导方式演变。

图 4-1　草药枸杞

我国中医药的巨大成就

我国的许多医药典籍都记载着丰富的医学内容。《黄帝内经》是我国最早的医学典籍，该书的主要理论有五味滋育人体、器官各司其职、顺四时而适暑寒。《神农本草经》系统地记载了古代医家的用药经验、各种药物的功效及主治疾病。张仲景所著的《伤寒杂病论》系统地分析了伤寒的原因以及处理方法，提出了辨证施治的原理。《本草纲目》是由明代的李时珍耗费近三十年编成的医学著作，他在行医过程中对前人工作"剪繁去复"，终于成就了这部"东方医学巨典"，让行医者有纲可寻。

药物种类繁多，依据其发展过程，可分为传统药与现代药。传统药是指按照传统医学理论指导用于预防和治疗疾病的物质，包括动物药、植物药和矿物药等。动物性药物是利用动物身体的不同部分作为药用，如中药中的牛黄、鹿茸等。植物性药物历史最为悠久，应用也最为广泛。植物的各部分如根、茎、叶、花、果实和液汁都可入药。矿物药是利用矿物提炼加工而成的一类无机药物，如无机盐类、酸类和碱类等。而现代药是通过化学合成、生物发酵以及生物或基因工程等手段获得的物质。图4-2为药物的分类。根据消费者获得和使用药物的权限，可将药物分为处方药（Rx）和非处方药（OTC）。处方药通常都具有一定毒性，因此必须由具有处方权的医生开具，用药方法和时间都有特殊要求。非处方药通常毒性较小或者没有毒性，并且都经过了长期的使用，药效更为明确，不需要凭执业医师和执业助理医师处方，消费者可自行判断、购买和按照药物说明自行使用。非处方药可以分为甲、乙两类。甲类非处方药须在药店由执业药师或药师指导购买和使用；乙类处方药除了可在社会药店和医疗机构药房购买外，还可在经过批准的超市、宾馆等不同的地方购买[1]。

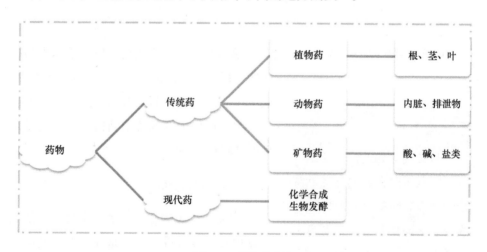

图 4-2　药物的分类

药膳学概说

药膳学将医和食紧密结合，是我国特有的以研究中药为配料的膳食科学，基本内容包括药膳学的基础理论和药膳的一般制作方法。

药膳学特有理论包括病源论和食医论。病源论认为病从口入，所以应从食物防病着手。一旦得病先以食疗，再用药。因此从广义看也可认为，食物也是药。食医论认为食医包括食补、食治、食疗等方面。中国药膳是根据我国源远流长的中医药理论和中医营养理论，用中药和食物配伍，加入适当调料经炮制、烹调加工而成。

4.2 药物的几大"名门望族"

4.2.1 麻醉药家族

19世纪中叶以前，外科手术都在无麻醉药的条件下进行，解决手术疼痛的办法包括冷冻、转移注意力、放血和休克等。医生仅能使用一些简单方法，如冷冻手术部位、用力挤压患者或者用酒精灌醉病人等来稍微减轻病人的痛苦。

据记载，公元前四世纪，战国时期医学家扁鹊就将中药麻醉应用于临床。东汉末年，我国著名的医学家华佗发明了"麻沸散"，对病人进行全身麻醉。华佗的麻醉法先后传到了朝鲜、日本等地，对世界医药学产生了深远的影响。

1. 麻醉药之祖——笑气

1799年，英国化学家戴维发现笑气能使人愉悦甚至导致昏迷，但是并未发现其抑制痛觉的功能。1844年，美国牙医韦尔斯在观看一场使用笑气作为道具的表演时，发现一名用了笑气的演员在表演时受伤严重，却未感觉到疼痛。他立刻想到笑气可用作牙科手术的麻醉药，并取得了成功。因此，笑气成为第一种临床上使用的麻醉药，但只能应用于短时间的小手术。

笑气作为麻醉剂通常与氧气混合使用，在手术时让病人吸入一定比例氧气和笑气的混合物，该混合物能抑制中枢神经系统的兴奋性神经物质的释放和神经冲动的传导及改变离子通道的通透性而产生药理作用，从而达到麻醉的效果。

笑气简介

笑气，学名氧化亚氮（N_2O），无色气体，味微甜，室温下非常稳定，能够助燃。

2. 众多麻醉"精英"

乙醚简介

乙醚为无色透明易流动液体，有特殊气味，不溶于水，有极强的挥发性和燃烧性。

19世纪中期，一位乡村医师发现乙醚有类似笑气的作用，后来他成功用乙醚麻醉病人。1846年，著名的外科医生李斯通第一次用乙醚作麻醉剂，给一名病人做了截肢手术。但是乙醚作麻醉剂有很多缺点。首先，很难掌握用量，实践中常因用量过大而对病人的中枢神经造成伤害；其次，乙醚的强烈刺激性气味会引起病人严重的不适感，因此乙醚逐渐被踢出麻醉药的家族。1859年，奥地利化学家纽曼成功分离出纯的可卡因——一种从植物中分离出来的碱性有机化合物。当时人们认为可卡因是类似咖啡因（从茶叶和咖啡中分离出的生物碱）的温和兴奋剂，并不知道它具有成瘾性，所以把它放在饮料和酒中饮用。随着时代的进步，有了更多的麻醉药供医生选择，而麻醉方式也层出不穷，如电麻醉、针刺麻醉等非药物麻醉方法，但药物麻醉仍占主导地位。

史中有化

曾有人使用乙烯（$CH_2=CH_2$）作麻醉药，但乙烯为气体，不易储存与控制。1930 年，美国加利福尼亚大学教授合成了一种将乙烯和乙醚（$C_4H_{10}O$）结合的化合物——乙烯基乙醚（C_4H_8O），发现该化合物具有较好的麻醉效果。这种将两种有同样效用的化合物拼接起来的方法称为拼接原理，该方法仍然是现代发现新药的手段之一。

4.2.2 磺胺药家族

磺胺类药物可杀死肺炎球菌、脑膜炎球菌、大肠杆菌等多种细菌，是一类常见的抗菌消炎药，而其发展也有一段很长的历史。

19 世纪末，能抵抗致病微生物的有效药物还很少，并且大部分是从天然植物中提取的，如治疗疟疾的奎宁就是从植物中提取而来。

20 世纪 30 年代以前，一些严重危害人类健康的细菌性传染病（如瘟疫）长期得不到控制，造成大量人口死亡。1932 年，德国化学家、内科医生多马克将磺胺基加到染料二氨基偶氮苯上，制出了一种橘红色的染料，商品名为百浪多息（图 4-3）。多马克发现这种染料对小白鼠体内感染的链球菌和葡萄球菌有较好的杀灭作用。在他使用百浪多息偶然治愈女儿因链球菌感染而引发的败血症后，该药便引起世界关注。

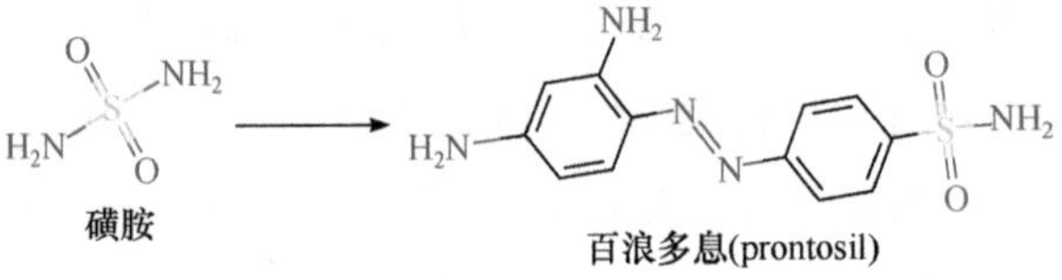

图 4-3　磺胺合成百浪多息

1935 年，法国巴斯德研究所在百浪多息的化学结构基础上合成了对氨基苯磺酰胺，并且治好了英国首相丘吉尔的细菌感染。该药是第二次世界大战前唯一有效的抗菌药物，它的问世标志着人类在化学疗法方面取得了新的突破。

4.2.3 抗生素家族

抗生素作用的基本原理是"抗生"，即某些微生物对另一些微生物的生长繁殖具有抑制作用。很久以前，人们就会利用"抗生"现象进行疾病治疗。在古代，人们就已经知道使用霉菌治疗疾患，如用豆粒上的霉治疗疮、痈等疾病。但直到现代，人们才知道这是一种抗生现象。抗生素是由某些微生物（包括细菌、真菌、放线菌属）产生，对某些其他病原微生物具有抑制或杀灭作用的一类化学物质。由于最初发现的一些抗生素主要对细菌有抑制作用，所以曾经将其称为抗菌素。最早发现抗生素的是英国医生弗莱明。第一次世界大战期间，他亲眼看见大批战士死于伤口感染，在实践中发现消毒药虽然杀死了伤口中的病菌，但也杀死了弥合创伤的活细胞。这促使他试图寻找一种只杀伤病菌而不伤害组织细胞的药剂。

青霉素的发现是20世纪给人类生活带来巨大变化的十大科技成果之一。有人评价，原子弹是第二次世界大战中杀伤力最强的武器，青霉素是从战场上拯救生命最多的药物[2]。原子弹、青霉素和雷达并列为第二次世界大战期间的三大科学发明。青霉素极不稳定，在酸、碱性介质中易水解开环失去抗菌作用。当时，英国分离出的纯青霉素为青霉素G，美国分离出的青霉素为青霉素F，另外又分离出 5 种结构相似的青霉素 V、O、S、X、K。其中，青霉素G的抗菌作用最强。

1928年

➢ 弗莱明无意中发现一只培养皿中长出了蓝绿色霉菌（图4-4），且菌斑周围的葡萄球菌菌落发生了部分溶解，这激起了他继续在肉汁里培养此霉菌的兴趣。经研究发现，此霉菌不仅能抑制、杀死多种细菌，而且不破坏人体细胞，将霉菌滤液稀释800倍后其杀菌效果仍然显著。当时，这种物质被称为盘尼西林，也称为青霉素（图4-5）。

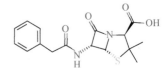

图 4-4　青霉菌　　　　　图 4-5　青霉素的结构式

1941年

➢ 第二次世界大战爆发，英国生物化学家钱恩与病理学家弗洛里经过无数次实验，终于从青霉菌中分离得到纯净的白色化学药物，将其溶解在水中，稀释2万倍后还具有较强的杀菌能力。

1942年

➢ 美国有几十名火灾后的幸存者注射青霉素后很快康复，引起了国际轰动，并促进了青霉素的大规模生产。第二次世界大战中，为拯救伤员急需大批青霉素，美国政府甚至不惜动用军用飞机从世界各地采集含青霉菌的土壤，以筛选分泌青霉素的菌种。从此，青霉素创造了一个绿色的医学奇迹，它击败了战时最可怕的杀手——伤口感染。

1945年

➢ 英国化学家霍奇金利用X射线衍射分析确定了青霉素的分子结构，为人工合成奠定了基础。

1957年

➢ 实现人工合成抗生素。

1. 抗生素如何抑菌

不同抗生素对病菌的作用不尽相同，主要通过影响病原微生物的结构和功能，干扰其代谢过程，使其失去正常生长繁殖能力，从而达到抑制或杀灭细菌的效果。常见的方式有以下几种。

1）抑制细胞壁合成

该类抗生素主要有青霉素类和头孢菌素类。通过抑制细胞壁的合成，使敏感菌体内渗透压升高，导致水分不断内渗，菌体膨胀，最终菌体裂解，从而达到灭菌的效果。

2）影响细胞膜功能

此类抗生素会破坏细胞膜结构，影响细胞膜的渗透性，达到灭菌效果。

3）干扰抑制蛋白质合成

这类药物利用人体核糖体与细菌核糖体的生理、生化功能不同，在常用剂量时能选择性影响细菌蛋白质合成，而不影响人体细胞功能。

4）影响核酸和叶酸代谢

影响核酸和叶酸代谢的抗菌药物主要通过抑制 DNA 和 RNA 合成，阻止细胞分裂和所需酶的合成，从而达到抑菌的效果。

2. 抗生素药物的副作用

1）毒性反应

某些抗生素药物会对神经系统、造血系统和肾脏造成伤害。例如，链霉素会对耳前庭造成损害，导致患者出现头晕、恶心、呕吐等不适症状；而氯霉素可能使骨髓的造血功能被抑制，引起再生障碍性贫血。

2）过敏反应

过敏反应多发生在具有特异性体质的人身上，用药数分钟后就会出现药物热、胸闷、心悸、头晕、四肢麻木、呼吸困难、血压下降等症状，严重时还会导致死亡。

3）二重感染

当用抗生素抑制或杀死敏感的细菌以后，有些不敏感的细菌却得到生长、繁殖，造成新感染，即二重感染，这多见于长期滥用抗生素的病人。二重感染会引起治疗困难，导致病死率高。

4）细菌产生耐药性

细菌对各种抗生素都可以产生耐药性，其中以葡萄球菌、结核杆菌的耐药性最为突出。而耐药性引起的疾病已成为治疗难题，并且容易产生超级细菌。

3. 慎用抗生素

生活中存在很多滥用抗生素的现象，但是抗生素不直接对炎症发挥作用，只对引起炎症的微生物起杀灭作用，且仅适用于由细菌引起的炎症。抗生素也不能预防感染病毒性感冒、流感等，因此不能滥用抗生素[3]。

在使用抗生素时，一般不提倡联合使用抗生素，因为联合用药可能增加一些不合理的用药因素，且容易产生一些毒副作用。

4.2.4 干扰素家族

19 世纪末，俄国人伊万诺夫斯基发现了病毒，但抗生素却对其不起作用。后来病毒学家发现病毒与病毒间或同一病毒不同毒株间存在某种互相排斥、干扰的情况，利用这种矛盾和斗争发明了干扰素。

干扰素是由不同氨基酸按一定数目和次序排列成的蛋白质。当人体细胞得到病毒侵入的信息时，细胞就放出干扰素附着在病毒上。干扰素在病毒体内产生两种杀伤酶，一种能使病毒无法进行自身蛋白质合成；另一种会破坏病毒的 DNA，使病毒失去繁殖能力。干扰素对人体免疫能力有刺激作用，能促进抗体的产生，从而加强人体巨噬细胞杀伤细菌的功效。干扰素对病毒的作用机理如图 4-6 所示。

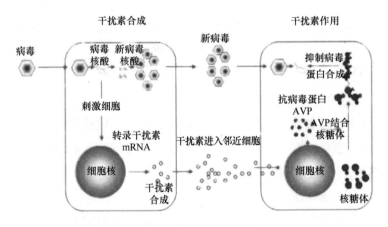

图 4-6　干扰素作用机理

生产干扰素的传统方法是从血液中提取白细胞，然后用病毒进行感染，使其产生干扰素，提纯后用于临床，但是该方法成本偏高。20 世纪 70 年代开始使用基因工程的方法生产干扰素。1979 年，瑞士苏黎世大学根据遗传基因的结构原理，从生物体细胞中取出同干扰素相适应的遗传基因转移到大肠杆菌中，用基因工程技术改造的大肠杆菌发酵生产，为人工培养干扰素开创了新的简易途径。

4.2.5　止痛药家族

止痛药是指可部分或完全缓解疼痛的一类药物，常见的止痛药有阿司匹林等。阿司匹林有"奇药"之称，用其溶液浇灌植物可加速花芽形成，促进叶子生长。给烟草植物注射阿司匹林，能立即阻止烟草开花时病毒的繁殖。以阿司匹林为主药可制成多种药剂，它能解热镇痛，有效控制由炎症、手术等引起的慢性疼痛，且不会产生药物依赖性。阿司匹林还能阻止血液中血小板聚集，防止血液黏稠，预防血栓形成，并能用于治疗糖尿病、老年性白内障等疾病。阿司匹林诞生至今，仍然是一种生命力不减的药物。但大量服用会引起胃部及肠出血，还容易出现脑溢血等疾病。

除阿司匹林外，吗啡也是一种止痛药。吗啡有两种著名的衍生物，一种是可卡因，它比吗啡成瘾性小；另一种是海洛因，是一种毒品，因此未获得医疗应用，不过 1931 年科学界找到了其代用品杜冷丁。

化学视界

很久以前古埃及人用白柳叶止痛。公元前 400 多年，希腊人用这种植物叶子的汁解毒、镇痛、退热。我国古代的药书中也有柳树叶治病的记载，有人还在春天摘柳树嫩叶做凉拌菜进行食疗。1829 年，法国人第一次从柳树皮中提取出一种可治病的活性物质，即水杨酸（图 4-7）。

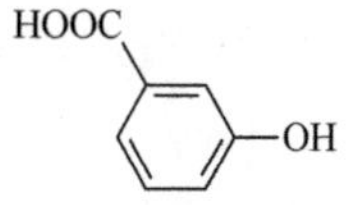

图 4-7　水杨酸的结构式

它在治疗发热、风湿和其他炎症方面十分有效，但其酸性较强，对胃肠刺激较大[4]。

1897 年，德国化学家霍夫曼将从柳树皮提取的水杨酸与乙酸酐反应，方程式如图 4-8 所示，合成出酸性较弱的乙酰水杨酸，临床试验证实其能镇痛及治疗风湿。1899 年乙酰水杨酸被正式注册，作为解热镇痛药上市，即阿司匹林。

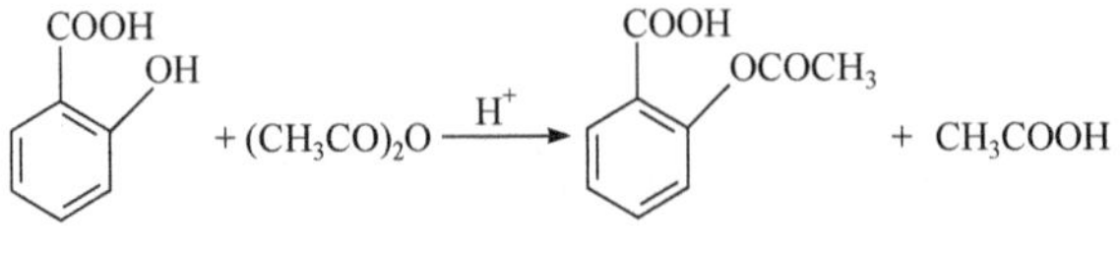

$$\text{水杨酸} + (CH_3CO)_2O \xrightarrow{H^+} \text{乙酰水杨酸} + CH_3COOH$$

图 4-8　水杨酸与乙酸酐的反应方程式

4.2.6　激素药家族

激素是由内分泌腺和内分泌细胞分泌的高效生物活性有机物。按化学结构和性质可将激素大体分为三类：第一类是类固醇，如肾上腺皮质激素和甲状腺素；第二类是肽与蛋白质，如下丘脑激素、垂体激素和胃肠激素；第三类是脂肪酸衍生物[5]。激素类代表药物如下。

激素只对一定的组织或细胞发挥特有作用，而每一种激素又可以选择一种或几种组织。例如，生长激素可以在骨骼、肌肉、结缔组织上发挥特有作用，使人体长得高大粗壮。但肌肉也充当了雄激素、甲状腺素的靶组织。激素的作用机制是通过与细胞膜或细胞质中的专一性受体蛋白结合而将信息传入细胞，引起细胞内发生一系列相应的连锁变化，最后表达出激素的生理效应。

1.子宫兴奋药

常见的子宫兴奋药有缩宫素。小剂量缩宫素可加强妊娠末期子宫的节律性收缩，使胎儿顺利娩出，但大剂量缩宫素会导致子宫产生持续强直性收缩，不利于胎儿娩出。缩宫素还可用于产后止血，促进排乳。

2. 肾上腺皮质激素类药物

肾上腺皮质激素类药物主要影响糖类、蛋白质、脂肪等物质的代谢，剂量较大时可抑制不同的炎症，改善红、肿、热等症状，超大剂量可对抗各种严重休克。

3. 甲状腺激素和抗甲状腺药

甲状腺激素可促进生长发育和新陈代谢。但是甲状腺功能亢进时，甲状腺组织增生，分泌过多的甲状腺激素，会出现甲状腺肿大、心率增快、基础代谢增高等病症。

4. 胰岛素及口服降血糖药

胰岛素主要影响蛋白质、脂肪、糖的代谢以及钾离子的转运。当胰岛功能下降时会表现出糖尿病症状。

4.2.7 抗癌药家族

常见的抗癌药物大体可以分为以下几类。

1. 生物烷化剂

生物烷化剂是一类化学性质高度活泼的化合物，属于细胞毒类药物，在体内能形成碳正离子或其他具有活泼亲电性基团的化合物，与细胞中的生物大分子（如 DNA、RNA、酶等）中富含电子的基团（如氨基、巯基、羟基、羧基、磷酸基等）发生共价结合，使其丧失活性或使 DNA 分子发生断裂，导致肿瘤细胞死亡。生物烷化剂抗肿瘤活性强，但易产生抗药性。

2. 性激素治疗剂

20 世纪 30 年代，美国芝加哥的一位外科医生赫金发现，老年狗的原发性前列腺肿瘤在阉割以后往往会缩小。把赫金的发现用于病人，即割除睾丸或用雌激素治疗后，大多数前列腺癌患者的病情均得以改善，肿瘤停止了生长。

化学视界

阻止癌变的药物

维生素A类化合物对化学因素诱发的动物皮肤癌、乳腺癌、肺癌等有预防作用，但用量不宜过多，否则会产生严重的毒副作用，如对皮肤、黏膜和肝功能造成损伤及导致严重头疼，大剂量甚至能引起骨质疏松和导致胎儿畸形。

3. 天然抗癌物

天然抗癌物的种类很多。20世纪50年代，人们发现喜树提取液（喜树碱，图4-9）有明显抑制实验动物肿瘤生长的作用，因此其在临床上用于治疗胃癌、结肠癌等。紫杉醇（图4-10）是从红豆杉科植物中分离出的一种具有独特结构的化合物，它对结肠癌、支气管癌、子宫内膜肿瘤等有明显疗效[6]。紫杉醇在红豆杉科植物中含量很低，在其树皮中含量最高，但也仅有0.06%~0.07%。1949年，人们对夹竹桃科植物长春花的提取物长春碱（图4-11）进行药理研究发现，它对绒毛膜上皮癌、急性白血病、乳腺癌、睾丸癌等有一定作用。

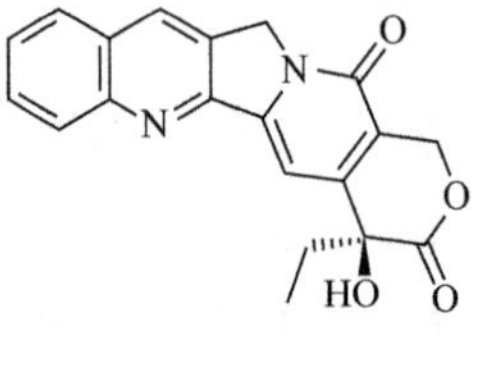

图 4-9　喜树碱的结构式

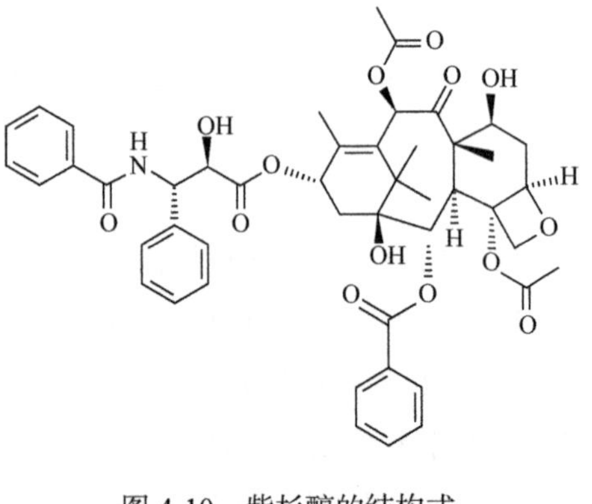

图 4-10　紫杉醇的结构式

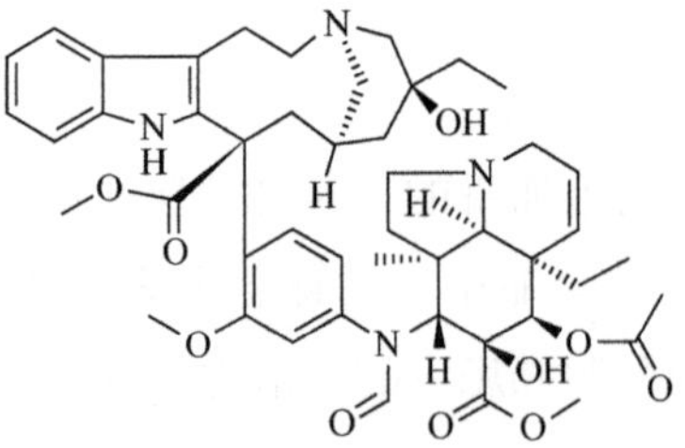

图 4-11　长春碱的结构式

化学视界

肿瘤的转移大致依下列顺序进行：肿瘤细胞从原发癌上脱落，经血液或淋巴漂流到其他器官。癌细胞向血管腔入侵，在某器官的血管壁附着，再穿出，在组织间隙内定植下来，形成新的血管和病灶。脱落的癌细胞经血液和淋巴转移时，一部分可被体内的免疫系统杀伤，另一部分可被血小板保护或被纤维蛋白覆盖而暂时停留于血管内皮，然后转移定居。因此，增强人体的免疫功能具有抗癌细胞转移的作用。多糖类物质和含有这些物质的食物，如香菇、银耳、灵芝等都可以增强人体的免疫功能。

4.3 如何获取药物

药物是一把双刃剑，能否发挥其最大作用、造福人类，还得看人类如何使用。在古代，大多数药物直接来源于自然界。随着科技的发展，获取药物的途径也更多了。

4.3.1 来自海洋

20世纪80年代，日本名城大学和静冈大学的科学家在东京南部三浦半岛收集了一些海绵样品，其中一种黑色海绵产生的化合物激起了他们的兴趣。经研究发现，这种化合物表现出优异的抗肿瘤活性。但是要获取这种药物，只能大量采集海绵。还有类似的其他药物也是从海洋中获得。

4.3.2 化学库

20世纪90年代，科学家偶然发现一种制药新策略。不依赖天然生物合成和冗长的化学合成获得某一特定分子，而是先生成由许多分子构成的库，然后按所需活性从中筛选，这就是化学库。

4.3.3 设计药物

如果要寻找一种能治疗某种特定疾病的药物，通常要进行药物设计。先通过 X 射线衍射等技术获得疾病分子的相关信息，再设计出可能与之作用的药物分子，从而阻止它对身体产生伤害。设计药物的方法还被化学家用来解决当今制药业面临的最大问题——耐药性。

合理药物设计是依据与药物作用的靶点，即广义上的受体，如酶、离子通道、抗原、病毒、核酸、多糖等，寻找和设计合理的药物分子。主要通过对药物和受体的结构在分子水平甚至电子水平上全面准确的了解进行基于结构的药物设计，以及通过对靶点的结构功能与药物作用方式及产生生理活性的机理的认识进行基于机理的药物设计。

4.4 如何安全用药

4.4.1 如何把握用药时间

其一，药物在人体血液中的浓度称为血药浓度，血药浓度达到有效水平所需的时间称为起效时间（图 4-12），血药浓度保持在有效水平以上的这段时间为药物作用的持续时间。当血药浓度快要下降到有效水平时，就应该第二次给药。血药浓度低于或高于有效水平都对人体不利。例如，抗菌药在血药浓度低于有效水平时，不能抑制细菌生长或杀死细菌，还可能使细菌产生耐药性。

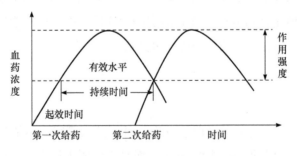

图 4-12　血药浓度与时间关系示意图

其二，给药时间一般可分为空腹、饭前、饭时、饭后和睡前五种。有些药物必须在指定的时间给药才能发挥最好的疗效。例如，驱虫药宜空腹或半空腹服用，才能达到最佳驱肠虫效果；中药与西药的服用宜间隔 1~2h，防止相互作用发生化学变化，影响药效，甚至产生有害物质；消化系统药物如氢氧化铝 [Al(OH)$_3$] 等要在饭前服用，它在胃内形成保护膜，使溃疡的胃壁不受胃酸侵蚀；抗肠道感染的药物在饭前服用效果更好；助消化的药物（如胃蛋白酶）必须在吃饭时服用才能发挥作用。

其三，治疗期间用药，不能时断时续，否则易旧病复发甚至危及生命。许多慢性疾病需长期坚持用药控制病情，巩固疗效，如精神病、癫痫病、抑郁症、高血压、冠心病等。停药应在医师指导下逐步进行，不能擅自停药。

4.4.2　可同时使用几种药物吗

药物都有一些副作用和毒性，经常使用会带来不良反应。另外，药物进入人体后要经过肝脏代谢和肾脏排泄，使用药物过多会造成肝脏和肾脏损害。不同药物的剂型、释放时间、吸收、代谢、生物转化及排泄过程不同，药物之间可能发生相互作用使药理作用或增或减，严重时会造成不堪设想的后果。因此，用药应遵守医生的嘱咐，未经医生许可，不宜同时服用几种药物。

药物释出后进入血液循环的过程称为药物的吸收，药物从血液中到达作用部位的过程称为分布。药物在吸收、分布过程中可能与体内的各种酶或肠道中的菌类作用，转变为生理作用或弱或强的物质，这种过程称为代谢或生物转化。而药物排出体外的过程称为排泄。

4.4.3　服用剂量多少才合适

药量的大小是根据人体体重和药物在血液中的吸收、分布、生物转化、排泄、消除与蓄积及半衰期等决定的。某些药物的药效并不随剂量的增加而增加，若超量服用会引起中毒；药量偏小，又达不到应有的治疗效果。

4.4.4　剂型与疗效有何关系

同种药物在体内发挥作用的快慢和好坏与剂型有较大关系。相同药物的不同剂型对药物吸收速度的快慢顺序如图 4-13 所示，选择什么样的剂型与病情的需要有关。

溶液剂　>　混悬剂　>　胶囊剂　>　压制片　>　包衣片

图 4-13　相同药物的不同剂型对药物吸收速度的快慢顺序

化语悦谈

通过以上学习，我们对药物有了一些简单的了解。在浩瀚的知识海洋中，关于药物的知识远远不止这些，你还知道哪些关于药物的知识呢？下面就是大家的展示时间哦！

我先来！俗话说："是药三分毒"，有人甚至生病了还因此而不用药。但是，这里的"毒"不等于毒药的"毒"，指的是药物的偏性。因此要对症下药。

真是受益匪浅！在我们平常的生活中，经常有人轻微感冒就吃药，这样对身体也是不太好的，不利于增强身体的免疫力。并且有很多人不能正确选择感冒药，有时还会加重病情。因此，哪怕是小感冒，也要谨慎选择用药啊！同时，我们要加强身体锻炼，争取少生病，少用药！

药物的知识海洋浩瀚无穷，人们看到的只是冰山一角。想要打开药物世界的大门，人类还需要更加努力！

参考文献

[1] 唐有祺，王夔.化学与社会 [M].北京：高等教育出版社，1997.

[2] 刘旦初.化学与人类 [M].上海：复旦大学出版社，2006.

[3] 杨金田，谢德明.生活的化学 [M].北京：化学工业出版社，2009.

[4] 柳一鸣.化学与人类生活 [M].北京：化学工业出版社，2011.

[5] 涂长信.现代生活与化学 [M].济南：山东大学出版社，2006.

[6] 《人类的化学之路》编写组.人类的化学之路 [M].北京：世界图书出版公司，2010.

 图片来源

章首页配图、图 4-1　https：//pixabay.com

第二篇

装扮与清洁

5 皮革——拼接高贵气场

○ 初识皮革

○ 皮革制品演变史

○ 皮革之"人生"解读

○ 皮革大家族

○ 如何鉴别皮革

"五花马，千金裘，呼儿将出换美酒"。唐代诗人李白的名篇《将进酒》将裘皮的弥足珍贵描述得淋漓尽致。如今，皮革制品不仅是人类物质文化生活中的必需品，更能在一定程度上反映人类的精神风貌，体现某地区的文化习俗、价值取向和审美观念等，具有实用性、社会性和艺术性。你知道这些与人类有着紧密联系的皮革制品是由哪些材料制成的吗？

　　　　高贵华丽的皮革制品或以浓郁的色彩将人们的生活装点得绚丽多姿；或以豪放粗犷、质感强烈、尊贵典雅的独有艺术气息，为生活带来一股实用艺术风潮。如此精致美丽的皮革制品也激发了人们对其美丽之源的好奇。如此种类繁多，类别各异的皮革制品究竟是如何制造的？人们又该如何鉴别真皮制品与人造革制品呢？一系列谜题亟待解开……

5.1　初识皮革

　　毛皮是指带毛皮料经过一系列物理、化学加工后保留的有毛被的皮革，也称作裘皮、皮草。古时将以毛皮为原料制成的服装称为裘。

　　皮胶原纤维在动物身体上的状态（指化学结构）称为皮。将动物皮经物理、化学处理，除去其中的无用成分，并使皮胶原纤维化学结构发生变化便得到革，即皮是革的前身。

　　广义的皮革包括天然皮革和人造皮革，后者属于塑料[1]。天然皮革是以动物皮（生皮）为原料，经过一系列物理、化学加工制成的一种具有良好物理机械性能、穿着性能的生物材料。如无特殊说明，本章中的"皮革"均指"天然皮革"。

　　皮革制品是指以皮革（含毛皮、天然革、合成革、再生革）为主要原料加工而成的产品，广泛用于生活、生产、科学研究等领域。皮革制品种类繁多，按使用领域可分为生产用皮革制品、运动用皮革制品、皮革服饰和皮革家具等。

　　皮鞋、皮包等皮革制品的制作过程较为烦琐，大体需要经过两次加工才能完成（图5-1）。首先需要对动物皮进行一系列物理、化学加工得到革，再以皮革为原料进行相应的工艺加工，得到生活中常见的各种皮革制品。

物理、化学加工　　　　二次加工

图 5-1　皮革制品的制作环节

5.2 皮革制品演变史

从原始的裹脚兽皮（图5-2）到当今流行的各类时尚皮革制品，皮革制品经历了漫长的演变过程。

图 5-2 裹脚兽皮

图5-3 皮制铠甲

夏、商、周时期，我国便出现了制革（熟皮）工业。在这一时期，皮革是军旅戎马的盛装、社会集权的象征。因皮革防风御寒性能好，最初人们仅简单地将其披在身上以御寒护体，或者用于制作帐篷、床褥，此时皮革较少用于日常穿着；骨针问世后，人类学会了缝制，皮革制成的服装便应运而生，这也使皮革成为最早的服装材料之一。此时，在军事上，皮革主要用于制作铠甲（图5-3）、战靴、弓箭、盾牌、战鼓等。

春秋战国时期，织染业逐渐兴旺，从此开创了皮革制品多彩的新纪元。据《考工记》记载，当时皮革工与车工、陶工、冶金工、木工等被称为"百工"。

西汉汉武帝时期，在白鹿皮上涂饰彩画制成的货币开始在市面上流通（图5-4）。

宋、元时期，北方游牧民族将家畜带往南方各地，促进了饲养业的发展，使得我国皮革制造业发展迅猛。

图5-4 白鹿皮币

明朝时期，我国皮革制造业已发展得十分成熟。《天工开物》中记载"麂皮去毛，硝熟为袄裤御风便体，袜靴更佳"。此后，皮革便真正用于民间日常服饰[2]。

清朝服饰经历了我国两千余年以来最激烈的变革，传统的宽袍大袖一朝变为修身的旗装。清朝后期，皮革制造业进入兴盛时期。1898年，我国出现了第一家独资开办的近代化制革厂——天津北洋硝皮厂。

图 5-5　天然皮草衣物

总体而言，随着时代发展，皮革制品的功能也随之演变。原始社会，人们使用兽皮御寒、护体，这是皮革最初的实用功能。后来，人们将动物皮毛等佩戴于身上，使皮革制品具有装饰功能，图 5-5 为天然皮草衣物。出现冠服制度后，衣冠服饰（含皮革制品）逐渐成为统治阶级"严内外，辨亲疏"的工具，服饰衣料便有了阶级色彩。皮装尤其是精致的高档皮装逐渐成为贵族专用品，皮革制品也有了新的标识功能。周代的礼服制度便是根据皮质、颜色来划分裘服的等级。天子大裘用黑羔皮制成；一般裘服中狐裘最贵重，天子穿狐白裘，诸侯、大夫分别穿狐青裘、狐黄裘；一般庶民仅能穿犬羊裘。如今，皮革制品已走入寻常百姓家，不再是社会阶层贵贱的标志。

5.3　皮革之"人生"解读

化学视界

　　皮革工业是利用畜产品加工的工业，主要是以动物生皮为主要原料进行一系列加工，具体可以细分为制革工业与毛皮工业。二者不同之处在于：制革需脱皮，制毛皮需保护好毛被（生长在皮板上的毛的总称）；制革仅针对皮板，制毛皮还要加工毛被。由于生皮各部分厚度不一，其纤维组织的紧密程度也各不相同，所以皮革工业生产的首要目的就是利用各种方法将生皮转变为较均匀的革和毛皮。

　　皮革生产可分为鞣前准备、鞣制、整饰三阶段[3]。在此之前，还需要做好原料皮（未经任何物理、化学加工的生皮）的防腐、保存工作。原料皮可分为制革原料皮、制裘原料皮。制裘原料皮用于加工毛皮制品，其毛绒丰富、保暖性强、皮板薄韧。制革原料皮则用于加工皮革制品，其皮板可分为：①表皮：皮肤最外层组织；②真皮：含胶质的纤维组织，决定皮的强韧度及弹性；③皮下组织层。

5.3.1 鞣前准备

将原料皮经过一系列处理，使其处于最易鞣制、染整的状态，为鞣前准备阶段。在此阶段，需将生皮在某些溶液中处理以除去可溶性蛋白质，分散胶原纤维束，并在不同程度上水解生皮的胶原。大致而言，经防腐处理的生皮将经过浸水、脱脂、脱毛、浸酸几轮历练，主要除去生皮中的制革无用物（如脂肪）。

1. 浸水

为避免机械损伤，需将生皮放入水中或含浸水助剂的溶液中，使经防腐处理后的生皮重新充水，尽量恢复至鲜皮状态，即为浸水过程。在此阶段，常在水中添加少量酸（如 CH_3COOH）、碱（如 $NaOH$、氨水）、盐、表面活性剂、防腐剂以缩短浸水时间，保护生皮免受微生物伤害。此外，该过程还可除去原料皮上的污物，初步溶解可溶性蛋白（如球蛋白、白蛋白、黏蛋白）。

水以自由水或结合水的形式渗入皮内。其中，自由水机械填充于皮内，而结合水与蛋白质的极性基结合。在皮蛋白质所含的众多亲水基（如羟基、氨基、羧基）中存在电负性较强的氧（O）、氮（N）原子，它们能与水分子以氢键结合（图 5-6），结合过程如下：

$$H_2O + —NH_2 \longrightarrow H—O—H\cdots NH_2—$$

$$H_2O + —COOH \longrightarrow H—O—H\cdots O=\overset{|}{C}—OH$$

$$H_2O + —OH \longrightarrow H—O—H\cdots OH—$$

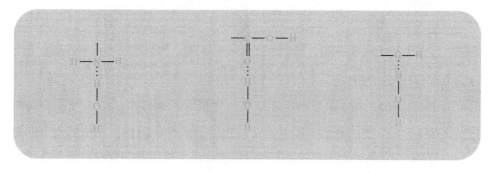

图 5-6　氮（N）原子、氧（O）原子、羟基（—OH）与水分子形成氢键示意图

氢键是一种特殊的分子间作用力，有键能、键长，具有饱和性和方向性。水分子与皮蛋白质以图5-6中所示的氢键形式结合，有助于生皮在浸水过程中重新充水。

进入皮内的水分子还可以与蛋白质极性基中的羧基（—COOH）、氨基（—NH$_2$）以分子间引力（范德华力）相互作用，在极性基周围形成水化膜（图5-7）。

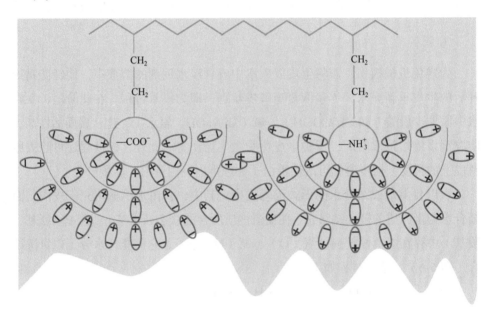

图 5-7　羧基（—COOH）、氨基（—NH$_2$）在极性基周围形成水化膜示意图

2. 脱脂

皮料油脂过多不仅影响外观美感，还会阻碍加工原料向皮内均匀渗透，进而影响皮革鞣制与染色。因此，将皮料脱脂，不仅能除去部分可溶性纤维间质，还可起到清洁皮料的作用。

皮料脱脂可使用物理脱脂法和化学脱脂法。物理脱脂法有溶剂法和吸附法（图5-8）。溶剂法利用油脂易溶于有机溶剂的性质脱脂，常用溶剂有四氯乙烯、煤油、汽油。吸附法主要在皮料多脂部位涂敷糊状的酸性白土与沙子混合物，并置于阳光下晒（温度低于40℃），待皮料晒干后，再除去酸性白土及沙子。

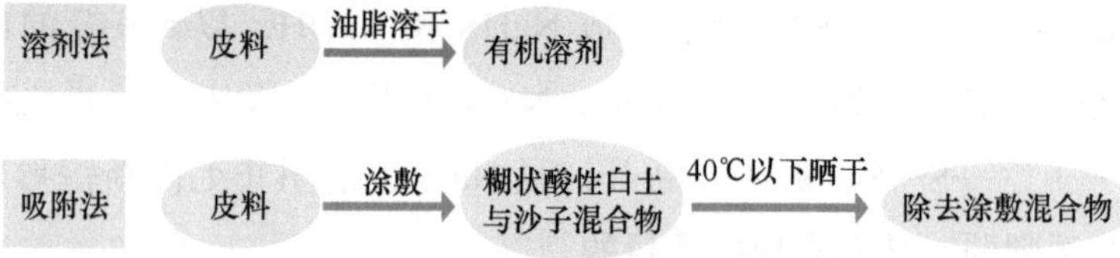

溶剂法　皮料　油脂溶于→　有机溶剂

吸附法　皮料　涂敷→　糊状酸性白土与沙子混合物　40℃以下晒干→　除去涂敷混合物

图 5-8　皮料脱脂流程

皂化法、乳化法、水解法属于化学脱脂法。皂化法利用碱性物质作用于皮料脂肪，使其分子中的酯键断裂，生成高级脂肪酸钠（或肥皂）和甘油[4]（图 5-9）。NaOH 等强碱易损坏毛的角质，因此在毛皮脱脂中使用纯碱混合表面活性剂。

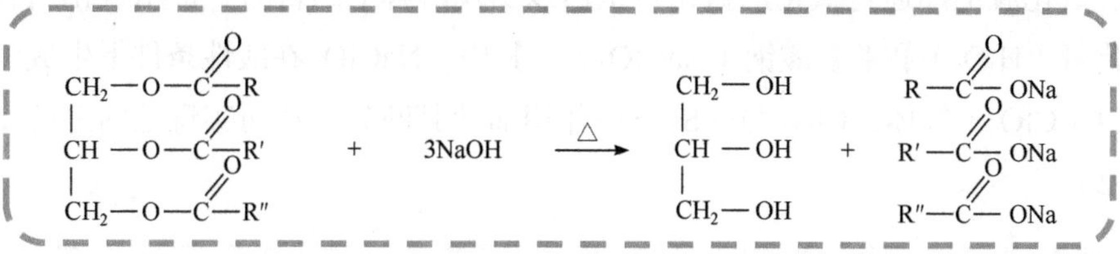

图 5-9　皂化法生成甘油和肥皂

利用表面活性剂分子的不对称性，可改变油、水间表面张力以乳化分散脂肪，再通过水洗除去油脂的方法为乳化法。该方法作用柔和，使用范围最广。

水解法（酶法）是在一定条件下使用脂肪酶处理生皮，使脂肪水解成甘油和脂肪酸，最终除去油脂的方法[5]（图 5-10）。

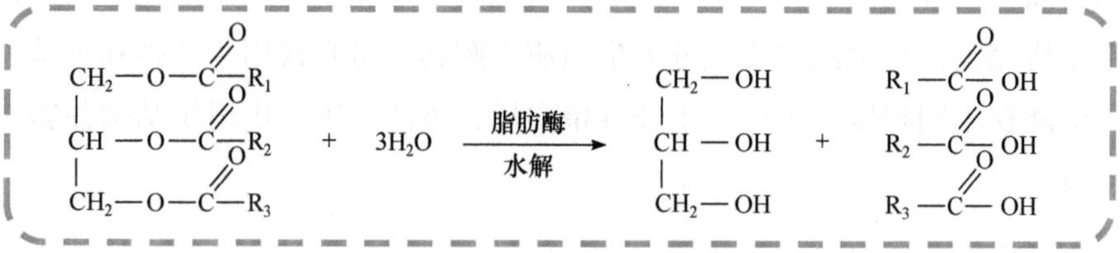

图 5-10　脂肪酶催化脂肪水解生成甘油和脂肪酸

3. 脱毛

脱毛即从生皮上除去毛和表皮，脱毛后的皮料即为裸皮。依据脱毛工序所用材料分类，脱毛法可大致分为碱法脱毛、氧化脱毛和酶脱毛三种。

碱法脱毛是以硫化钠（Na_2S）或硫氢化钠（$NaHS$）为主要原料，与碱或某些盐结合的脱毛法。Na₂S 溶于水生成 NaHS 和 NaOH，以 NaHS 的还原性及 NaOH 的碱性溶解毛。如图 5-11 所示，Na₂S 作用于毛及表皮角蛋白的二硫键（—S—S—），—S—S— 被还原断开，且 Na₂S 也能阻止毛内新键形成，使毛与真皮的联系削弱，从而实现脱毛目的[6]。

$$Na_2S + H_2O \rightleftharpoons NaOH + NaHS$$
$$P—S—S—P_1 \xrightarrow[NaHS]{OH^-} P—S^- + P_1—S^-$$

图 5-11　硫化钠（Na₂S）作用于二硫键（—S—S—）脱毛

氧化脱毛即通过氧化剂氧化角蛋白以实现溶解毛的目的。常用氧化剂有过氧化氢（H₂O₂）和亚氯酸钠（NaClO₂）。其中，NaClO₂ 在酸性条件下生成二氧化氯（ClO₂）气体，ClO₂ 与—S—S—作用而使其断裂，从而实现毛的溶解（图5-12）。

$$5NaClO_2 + 4HCl \longrightarrow 4ClO_2 + 5NaCl + 2H_2O$$
$$10ClO_2 + 4P—S—S—P + 4H_2O \longrightarrow 8P—SO_3H + 5Cl_2\uparrow$$

图 5-12　氧化脱毛过程

酶脱毛是指用蛋白酶催化，水解生皮中毛、皮结合部位的蛋白质以破坏毛、皮结合而使其分离的方法（图 5-13）。酶脱毛法避免了使用大量化学药品，所得毛结构完整，脱毛液主要成分为蛋白质水解物，可直接用于养殖和种植。但该方法能在不同程度上水解生皮纤维蛋白质，可能损害生皮组织结构并影响成革质量。

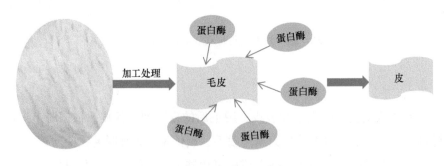

图 5-13　酶脱毛原理

4.浸酸

使用酸和中性盐（如 H_2SO_4、食盐）的混合溶液处理皮料称为浸酸。该工序的主要作用如下。

1）降低皮料 pH

经脱脂的皮料呈弱碱性 (pH 一般为 7~8)，而鞣制所用鞣剂一般呈酸性，与皮料酸碱性相差较大，将影响鞣制成品质量。

2）改变皮料表面电荷

脱脂后，皮料纤维表面一般带负电，若直接鞣制，易使鞣剂迅速与皮纤维结合，造成表面过鞣。浸酸可使皮料纤维带正电，有利于鞣剂向皮料渗透。

3）松散胶原纤维

浸酸可使真皮纤维结构松散，浸酸液中的中性盐也可使真皮体积比在水中充水时减小 15%~17%。水分子从胶原纤维束内转移至胶原纤维束间而使胶原纤维束体积减小，纤维束间空隙扩大（图 5-14），并使纤维束分离成更细小的构造基体 [7]。这种使水分子重新分布的脱水作用使真皮微细结构发生变化，增强了真皮的可渗透性，减弱了黏合性及可压缩性，有利于鞣液渗透。

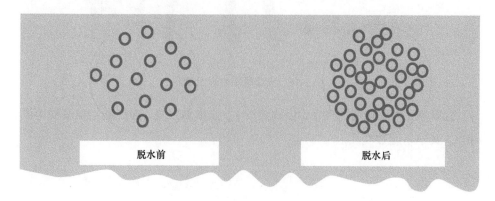

图 5-14　真皮脱水前后示意图

5.3.2　鞣制

皮革鞣制就是用鞣剂（将生皮转变为皮革的主要试剂）加工生皮，鞣剂分子向皮内渗透并与生皮胶原分子活性基结合而使生皮蛋白质发生一系列物理、

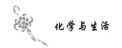

化学变化的过程（图5-15）。

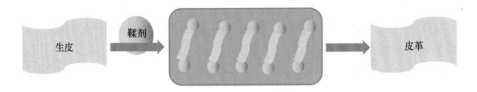

图 5-15　皮革鞣制过程示意图

依据鞣剂性质分类，可分为有机鞣剂和无机鞣剂。常用鞣剂有鞣酸及重铬酸钾（$K_2Cr_2O_7$）。鞣酸（单宁酸）是某些植物中存在的一类无定形固体物质，分子结构中含多个羟基（—OH），能使蛋白质凝固。当生皮充分润湿并压榨后，每条纤维周围均充满蛋白质。经鞣酸处理后，生皮变得规整。在使用重铬酸钾（$K_2Cr_2O_7$）鞣制皮革的过程中，Cr^{6+}转化为Cr^{3+}，Cr^{3+}与氨基酸的活性基作用，使皮纤维键合，强度大增（图5-16）。鞣剂能将打开的键又交联缝合，使胶原蛋白结构更加稳定。

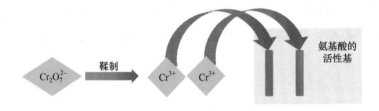

图 5-16　皮革鞣制原理示意图

经鞣制，生皮转变为皮革（俗称熟皮），原本易发臭、腐烂的生皮变得牢固、耐磨，又不易腐败变质。

5.3.3　整饰

皮革整饰有湿态整饰和干态整饰，前者主要指染色、加脂等湿加工。其中，皮革加脂主要针对皮板使用加脂剂加脂。加脂剂主要成分为油脂，皮革吸收一定量油脂后可获得一定的力学性能。若鞣制的皮革未加脂就直接干燥，则易因干燥引起皮革纤维脱水，因纤维分子间引力而相互黏结，降低纤维间相对滑动的性能。

制革时加脂，在皮内纤维表面间形成适宜厚度的油膜，皮革内纤维间移动的摩擦力就等同于油分子的摩擦力，从而使皮革柔软。但引入的油脂会挥发，成革后，应再向皮革内纤维间表面注入形成油膜的优质油脂。

湿态整饰后，皮板纤维未定型，难以进行机械操作，因此需进行干态整饰。干态整饰（图 5-17）可分为干燥、整理阶段。经干燥处理可使皮板纤维形态定型；整理阶段主要有做软、漂洗、磨绒、涂饰等工序，可提高产品舒适度，增强使用性能。其中，涂饰是在皮革表面覆盖一层涂饰剂，形成保护性薄膜，以赋予皮革外观美感、修饰皮革表面缺陷。

图 5-17　干态整饰流程

制得的皮革，其主要成分有水分、油脂、皮质、灰分、鞣质、水溶物。

水分
一般规定成革的水分含量 ≤18%。常用红外线干燥法、甲苯蒸馏法检测水分。

灰分
生皮中的矿物质含量一般为 0.3%~0.9%，在制革过程中经浸水、浸灰、脱灰、软化、鞣制、涂饰等工序，将引入外源性化学物质，使成革中的矿物质含量增加。

水溶物
主要存在于用植物鞣剂和合成鞣剂鞣制的皮革中。水溶物具有填充作用，革内水溶物含量低时，易使成革扁薄、空松；革内水溶物含量高时，易使成革透气性、耐磨性降低。在制革过程中可加入填充剂固定水溶物，以提高皮革耐磨性能。

皮质
经鞣前各工序加工除去原料皮中无用物后，剩下的几乎是胶原（约含95%）。成革中皮质含量对其物理机械性能有较大影响，可用凯氏定氮法检测。

制革的各工序均会用到各类制革助剂,主要是指制革过程中除鞣剂、加脂剂、涂饰剂外的其他化学品。使用各类功能各异的制革助剂滋润,将有助于皮料变为品种、风格各异的高贵皮革[8]。部分制革工序中,制革助剂的功能如表 5-1 所示。

表 5-1　制革助剂功能

制革工序	助剂功能
浸水	渗透、乳化、杀菌防腐
浸酸	调节皮料电荷,抑制皮料膨胀
鞣制	调节 pH、促进鞣剂渗透
染色	促进染料扩散
加脂	润滑纤维
涂饰	调节手感、光亮度

5.4　皮革大家族

皮革种类繁多,按鞣制方法分类,皮革可大致分为植物鞣革(植鞣革)、矿物鞣革(无机鞣革)、油鞣革、结合鞣革;按表面状态分类,皮革可分为以下几类,如表 5-2 所示。

表 5-2　皮革按表面状态分类

种类	特征
全粒面革	粒面花纹完整、天然毛孔清晰可见
轻磨面革	坯革粒面被磨掉一部分,粒面上仍可见天然毛孔和纹理
修饰面革(修面革)	粒面表面被磨去,通过整饰方法造出假粒面以模仿全粒面革的皮革
正绒面革	在粒面磨绒的皮革
反绒面革	在肉面磨绒的皮革
带毛革	革面带有经整饰的短毛
毛革两用革	一面是裘,另一面是革;毛面按毛皮整饰、肉面涂饰或起绒的皮革

按功能分类,皮革可分为防水性皮革、阻燃性皮革、抗菌抑菌性皮革、自清洁性皮革和抗静电皮革等。

阻燃性皮革	阻燃性皮革的火焰蔓延速率与热释放速率均极低，燃烧时无熔滴现象、生烟量小、烟气毒性低，且具备一定自熄作用。
防水性皮革	当水润湿皮革表面时，防水性皮革具有较强的不润湿性；当水被皮革吸收向革内渗透、扩散时，防水性皮革具有不易吸水的功能；当水穿透皮革渗到革的另一面时，防水性皮革具有阻止水分扩散的性能。 防水性皮革的制造方法主要有：①除去皮革中的亲水物质，封闭皮革上的亲水基；②引入防水材料。皮革防水剂主要有填充阻塞型和表面疏水型，前者将防水剂填充在皮革纤维空隙中，实现物理阻隔；后者则通过疏水性物质包覆在皮革纤维表面以降低皮胶原纤维的临界表面张力，使水难以润湿皮革表面。
抗菌抑菌性皮革	抗菌抑菌性皮革是增加抗菌抑菌工序或在制革时使用有抗菌基团的化学品，以实现皮革的抗菌抑菌性。
自清洁性皮革	自清洁性皮革可分为含氟有机硅类自清洁皮革、仿荷叶效应自清洁皮革和光触媒纳米自清洁皮革。
抗静电皮革	在皮革中加入抗静电剂可获得抗静电皮革。

5.5 如何鉴别皮革

除了货真价实的皮革外，人们还合成了与之"神似"的人造革（属于塑料）。在织物纱线间用合成树脂混合物（通常为聚氯乙烯）黏合，然后加热塑化，并经压花可得人造革。原则上任何树脂（包括橡胶）均可制革。

在日常生活中，神似的"人造革"与"天然皮革"增加了辨认的难度，形形色色、种类繁多的皮革制品更是让人眼花缭乱。人们根据生活经验与科学实

皮革制品护理

皮革制品护理是指对皮革制品进行清洗、上光、抛光、补色、加脂等操作。

◇ 皮革制品不可暴晒，否则易导致干裂及褪色。

◇ 皮革吸收好，应注意防污。可用同色皮料、干毛巾、海绵等蘸水、乙醇或温和洗涤剂轻拭后，自然风干。

◇ 若皮革制品不慎被雨淋湿，需擦干水后置于通风阴凉处，切勿用火烘。

◇ 皮革衣物收藏时要通气，可罩上一层布，收藏于凉爽干燥处，并注意防潮、防霉。收藏前，应先去污处理，再晾晒一下，存放期间最好晾晒一两次。

◇ 羊毛皮衣若有灰尘，可先将其晒透，拍去部分灰尘；在皮衣上喷洒酒精后，再将干面粉撒在皮毛上，用手反复轻轻搓揉绒毛，直至皮毛根部；待污物沾在面粉上，用力抖动将面粉抖掉；晒干后，拍去粉末，即可穿用。

验找到了鉴别皮革的常用方法。其中，使用感官鉴别最为简便快捷。真皮革（图5-18）内层毛茸茸的，表面有许多不规则颗粒状花纹，较易观察到皮表的细小纹路毛孔，皮表较为粗糙；人造革（图5-19）表面十分光滑。真皮革面用手按压，柔软有弹性；人造革面触感坚硬。真皮革挤压后褶皱细小，不明显；人造革弹性差，挤压后有明显褶皱。使用嗅味法鉴别真皮革与人造革时，可发现真皮革均有皮革气味，而人造革具有刺激性较强的塑料气味。此外，也常用燃烧法与氢氧化钠测试法鉴别真皮革和人造革。

图 5-18　真皮革

图 5-19　人造革

<u>燃烧测试法</u>　真皮革燃烧时释放出毛发烧焦的气味，燃烧过程中无火焰，不结硬疙瘩。人造革燃烧时散发出刺鼻气味，且易结成疙瘩。

$$真皮革 \xrightarrow{燃烧} CO_2\uparrow + H_2O + SO_2\uparrow + P_2O_5$$

<u>氢氧化钠测试法</u>　皮革由胶原蛋白构成，在制革过程中已有部分胶原蛋白被改性和重组，未改性和重组的胶原蛋白在煮沸时可被 NaOH 溶液溶解。在 250mL 带有冷凝器的烧瓶中倒入 100mL 质量分数为 10% 的 NaOH 溶液，加入一小片样本（约 0.2g），在通风橱中煮 30min。冷却后若溶液中样本分散，说明是天然皮革。由于未重组的胶原蛋白在溶液中溶解，而重组的胶原蛋白不溶，仅留下一些微粒；人造革通常含有尼龙、聚酯，不能在上述条件下溶解于质量分数为 10% 的 NaOH 溶液。

自制皮革清洁剂

将10g甘油、30g乙醇溶液（浓度76%）、60g 芦荟凝胶混合，于容器中均匀搅拌成糊状即可使用。将少许清洁剂涂在皮革制品上，用干抹布轻轻擦拭即可。其中，乙醇有清洁杀菌的功效，且易挥发，不损坏皮质。芦荟凝胶有润滑作用。而甘油除清洁外，还可使皮具光亮，保护皮质。

 参考文献

[1] 但卫华. 皮革商品学 [M]. 北京：中国轻工业出版社，2012.

[2] 高雅琴，王宏博. 动物毛皮质量鉴定技术 [M]. 北京：中国农业科学技术出版社，2014.

[3] 周华龙，何有节. 皮革化工材料学 [M]. 北京：科学出版社，2010.

[4] 杜少勋. 皮革制品造型设计 [M]. 北京：中国轻工业出版社，2011.

[5] 李志强 . 生皮化学与组织学 [M]. 北京：中国轻工业出版社，2010.

[6] 罗晓民，丁绍兰，周庆芳 . 皮革理化分析 [M]. 北京：中国轻工业出版社，2013.

[7] 王立新 . 箱包设计与制作工艺 [M]. 2 版 . 北京：中国轻工业出版社，2014.

[8] 程凤侠 . 现代毛皮工艺学 [M]. 北京：中国轻工业出版社，2013.

 图片来源

章首页配图　https：//www.freeimages.com/cn

图 5-2~ 图 5-5　https：//pixabay.com

图 5-1、图 5-13、图 5-18、图 5-19　https：//www.hippopx.com

6 莹辉熠熠的"奇珍异石"

- 首饰的分类

- 首饰的鉴定

- 首饰的保养

首饰是装饰人体的一种艺术品，发展历史漫长，与人类的文明发展同步。我国珠宝首饰业的发展很快，也逐渐走向个性化和高品位化。目前，市场上琳琅满目的首饰用品让人眼花缭乱，如何鉴别莹辉熠熠的奇珍异石是价值连城的宝石还是废石？宝石为什么会有各种颜色？如何保养昂贵的首饰？别着急，下面将一一揭晓！

"首饰"原本指人们头部的饰物，后来其含义不断扩大，成为装点全身饰物的总称，即用于装饰人体的各种精巧工艺品，如戒指、项链、耳坠等。首饰类型大体上可按照材料、工艺手段、装饰部位等来划分，具体的分类见图6-1。

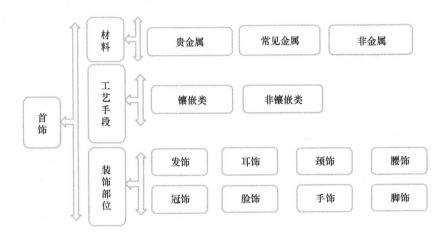

图 6-1　首饰的分类

6.1　两类常见的首饰

6.1.1　贵金属首饰

图 6-2　金首饰

1. 什么是贵金属

贵金属一般具备以下三个特点：①化学稳定性较强，一般条件下不易与其他物质发生化学反应，能够较长时间地保持性能及瑰丽色泽；②具有优良的物理性能且催化活性独特；③在自然界中的含量稀少[1]。目前为止，已知的贵金属有金（Au，图6-2）、银（Ag）、铂（Pt）、钯（Pd）、铑（Rh）、铱（Ir）、锇（Os）和钌（Ru）8种。贵金属元素的分类见图6-3。

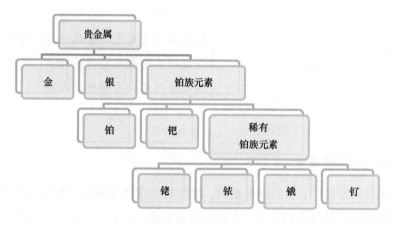

图 6-3 贵金属的分类

贵金属在地壳中的分布极不均衡，且含量十分稀少。世界上为数不多的大型贵金属矿藏都集中在少数几个国家，因而开采的成本高、价格贵。贵金属在地壳中的平均含量见表6-1。

表 6-1 贵金属在地壳中的平均含量

元素	银	钯	铂	金	铑	铱	锇	钌
含量/（g/t）	0.1	0.1	0.005	0.005	0.001	0.001	0.001	0.001

2. 贵金属的性质

1）金

金的晶体结构为面心立方（图6-4）。大多数金属的原子半径与金的原子半径非常接近，所以许多金属能与金形成合金。

金的硬度低，延展性良好，1g黄金经过现代加工，可拉长至3400m以上。在金中掺入杂质会变脆，如在金中掺入砷（As）、铅（Pb）、铬（Cr）和碲（Te）等都会改变其韧性和延展性，如果在金中加入0.01%的铅，就会使金良好的延展性完全丧失。

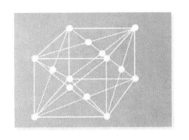

合金，由一种金属与另一种或多种金属或非金属通过一定方法合成的具有金属特性的物质，一般通过混合熔化、冷却凝固而得。

图6-4 金的晶体结构

在所有的金属中，金的颜色最黄，越纯的金颜色越鲜艳。掺入其他金属后，金的颜色会从淡黄色变到红色，可表示为淡黄色（金）→红色（金＋其他金属）。金矿中开采出来的自然金，通常表面有一层薄薄的氧化铁（Fe_2O_3），因此金的颜色可能呈褐色或深褐色，甚至是黑褐色。

人类生产合金是从制作青铜器开始，世界上最早生产合金的是古巴比伦人，6000年前古巴比伦人已开始提炼青铜，青铜是红铜与锡的合金。

中国是世界上最早研究和生产合金的国家之一。在商朝，青铜工艺就已非常发达；公元前6世纪左右已锻打（还进行过热处理）出锋利的剑。

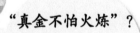

史中有化

"真金不怕火炼"？

难道不管温度多高，黄金永远不会损耗吗？其实，通常状况下，金的熔点为1063.69~1069.74℃，当外界温度高于其熔点时，真金也能熔化。

2）银

在贵金属中，银（图6-5）是最好的导体。银的化学稳定性强，与水和空气中的氧气（O_2）都不发生反应，但遇到硫化氢（H_2S）会发生反应而变黑，反应式为：$4Ag + 2H_2S + O_2 \longrightarrow 2Ag_2S$（灰黑色）$+ 2H_2O$。银能溶解于硝酸（$HNO_3$）

和热的浓硫酸（H_2SO_4）中，反应式为：$Ag + 2HNO_3$（浓）$=\!=\!= AgNO_3 + H_2O + NO_2\uparrow$；$2Ag + 2H_2SO_4$（浓）$=\!=\!= Ag_2SO_4 + SO_2\uparrow + 2H_2O$。但银难溶于王水，因为反应后续生成的氯化银（AgCl）沉淀会覆盖于银的表面，阻止反应进一步发生。

图 6-5　银器

3）钯

钯为银白色过渡金属，主要由天然钯熔炼而成，对氢气的吸附能力极强。常压下，温度为 100℃ 的干净钯片能吸收约为其体积 600 倍的氢气而不改变其外表。标准状况下，海绵状钯可吸收约为其体积 850 倍的氢气。胶状的钯则可吸收约为其体积 1200 倍的氢气。钯对光的反射能力较强，抗氧化能力很强，在常温下对空气和氧气都十分稳定。钯在不同温度下的状态见表 6-2。

表 6-2　钯在不同温度下的状态

温度	常温	350~790℃	>800℃
状态	稳定	$2Pd + O_2 =\!=\!= 2PdO$	$2PdO =\!=\!= 2Pd + O_2$

3. 贵金属首饰材料

在首饰制作中，人们往往在这些高纯度的贵金属中掺入一些其他金属，既增强了饰品材料的硬度，也增加了饰品表面的金属塑性。在后处理中，一些用高纯度贵金属不能制作的首饰也能通过加入其他金属制作出来。

1）K 金

大部分黄金首饰材料是黄金与其他金属在一定温度条件下制成的合金。相同成色的 K 金材料，根据不同颜色和硬度的需要，可配成多种多样的组合成分。

黄金合金含量可以用百分数（%）和千分数（‰）表示，还可用 K 数表示。K 数的最高值为 24K，K 数 ×4.166% = 饰品中金的百分含量。在配制黄金合金材料时，黄金作为主料，其含量有严格的规定，其他的金属辅料则称为"补口"。

目前根据国家标准，凡是在饰品上标有"足金"印记的首饰，其整体含金量不得小于990‰。

1）足金

2）22K金

早在1527年，英国就把金币的品位规定为916‰，即22K。

自从1482年英国将18K金作为法定的饰品成色以来，世界上几乎每个国家都把18K金作为生产首饰的主要原料。

3）18K金

4）14K金

14K金的价格比18K金便宜，因此在美国、欧洲都将14K金大量用于首饰材料，钟表业、眼镜业及钢笔制造业也先后用14K金作为制造材料。

白K金也称白色K金或K白金，白K金首饰并不是用铂金做的。白K金有多种不同的组分，大体上可分为金-钯系列和金-镍系列两大类。

5）白K金

6）彩色金合金

彩色金合金即K金中金含量不变，根据所需的合金颜色加入其他金属，熔炼而成的有多种颜色的合金，用来制作一些特殊的饰品。

2）银合金

a. 银 - 铜合金

为了改善银在材质方面的一些不足（如纯银柔软、易变形），人们很早以前就将铜掺入银中以提高银的硬度。早在800多年以前，英国就已将925银合金（sterling，银92.5%，铜7.5%）作为标准品位，当时的银币、银制品几乎都将"sterling"作为专用词来称呼925银。"英镑"的英文是"pound sterling"，所以925银也称"英镑"银。958银合金（银95.8%，铜4.2%）作为第二标准银，称为"大不列颠"银（Britannia，图6-6）。还有90%的银和10%的铜合金制作的硬币，这种成色的银合金称为"硬币"银。而装饰用银的成色都在800银合金（银80%、铜20%）以上。

图6-6 "大不列颠"银

b. 银 - 钯合金

银在大气中遇硫（S）会硫化变黑，为了解决该问题，人们进行了各种试验，在银的表面镀一层铑（Rh）以提高银的抗硫化能力。后来，意大利和德国的一些贵金属材料公司配制了低含量钯（Pd）和微量铜（Cu）、铁（Fe）、锰（Mn）、硅（Si）等银补口，熔炼出的925银在很大程度上解决了银变色的问题。

6.1.2 宝石首饰

1. 什么是宝石

图6-7 玛瑙

宝石泛指经过琢磨、雕刻后可以成为首饰和工艺品的材料。狭义上有宝石和玉石之分。宝石指自然界中具有瑰丽色泽、坚硬耐久、含量稀少及可琢磨、雕刻成首饰和工艺品的矿物、岩石和有机物。玉石的质地细腻、温润，且色泽美观。随着时代的发展，玉石的概念不断扩大，其品种也不断增加。现在，玉石指具有工艺价值的矿物集合体或岩石，如翡翠（$NaAl[Si_2O_6]$）、玛瑙（SiO_2，图6-7）、欧泊（$SiO_2 \cdot nH_2O$）、大理石（$CaCO_3$）等[2]。

1）有机宝石

有机宝石的生成与自然界生物有关，凡是物质成分部分或全部为有机质，可加工成饰品的固体都统称为有机宝石，如珍珠、琥珀、珊瑚、象牙、贝壳和硅化木等。

宝石学上将象牙、龟甲（玳瑁）和贝壳作为有机宝石。此外，有机宝石还包括用于角雕和骨雕的动物的角和骨骼。

2）人工宝石

人工宝石是完全或部分由人工方法生产或制造，可作为宝石的材料。主要分为合成宝石、再造宝石、拼合宝石和人造宝石。在矿物学上有"人造金刚石""人造水晶"等名称。

3）仿宝石

用来模仿天然宝石外观特征的人工宝石称为仿宝石。它不代表宝石的具体类别，也不能作为具体宝石名称使用，如仿红宝石、仿钻石等。

2. 宝石的形态、包裹体及瑕疵

1）形态

不同宝石由于自身固有的化学成分及其晶体结构、外来杂质、物理界面等因素不同，其颜色主要分为自色、他色和假色三种。自色是指由宝石自身的化学元素组成这一固有因素引起的颜色；他色是指由宝石的非固有因素（不包括物理光学效应）引起的颜色；假色是指物理光学效应引起的颜色。

2）包裹体

a. 天然宝石的包裹体

包裹体是指矿物在生长过程中或形成后所捕获而包裹在矿物晶体内部的外

来物体，含有包裹体的晶体称为主晶。研究包裹体有助于评价宝石的品级，了解宝石的特征，判断宝石的产地，推断宝石的成因。

b. 人工宝石的包裹体

人们运用现代科技模拟天然宝石的生成条件，可培植出宝石晶体，但无法模拟天然宝石生成时的复杂环境和漫长生长过程。因此，人工宝石的包裹体与天然宝石有很大差异。

人工宝石的包裹体有两个特征：第一，包裹体的数量较少，宝石内部很干净；第二，如果有包裹体，常为原料粉末或添加的助熔剂和金属碎片。

3）瑕疵

瑕疵是宝石上的缺陷，纯净无瑕的程度称为净度。

对宝石成品来说，瑕疵可分为外部瑕疵和内部瑕疵。外部瑕疵包括划痕、缺口、抛光纹、原始晶面、额外刻面和毛礴等；内部瑕疵包括包裹体、裂隙、内部生长痕迹等。但并非所有包裹体都会损害玉石的完美，成为瑕疵；相反，有的包裹体，如定向排列的大量针状、管状包裹体，会产生猫眼效应和星光效应，使宝石更加珍贵。

宝石界将瑕疵分为棉绺和脏点：

（1）棉绺：即棉纹，是指宝石中呈絮状的细小纹络。有的像蚕丝，称为"丝状物"；有的像蝉翅，称为"蝉翼"。

（2）脏点：也称为"脏"，是指宝石中的点状、小块状深色包裹体。有的是碳质，有的是其他暗色矿物或不透明矿物。

3. 各种宝石的组成、结构和性质

1）宝石之王——钻石

钻石（图6-8）是指经雕琢过的金刚石，俗称金刚钻。钻石是在一定条件下由碳元素构成的宝石，化学成分为碳（C），通常无色透明，硬度为10，在矿物中硬度最高。

在钻石的晶体结构（图6-9）中，碳原子位于立方晶胞的八个顶点和六个面心，并且在由立方晶胞划分的八个小立方体中的四个中心分布着四个相同的碳原子，每个碳原子都与周围的四个碳原子以共价键相连。

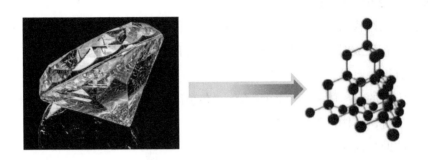

图 6-8　钻石　　　　　　　　　　　　图 6-9　钻石的晶体结构

在所有宝石中，唯独钻石有严格的分级和估价，即钻石的"4C"标准。4C包括：颜色（color）、净度（clarity）、切工（cut）、质量（carat）。钻石质量的计量单位是克（g），钻石贸易中仍然沿用克拉重量单位，英文carat（简写ct），1.00ct = 0.2000g。一颗钻石的克拉值越大，单价越高，称为克拉溢价。

金刚石是含碳岩石（如碳酸盐）在地表深处高温、高压条件下结晶而形成，由于地震和火山爆发、地壳的上浮或下沉等原因，其上升到地表层成为金刚石矿床而被开采。

问克拉为何物?

"克拉"是钻石贸易中沿用的重量单位,来源于希腊语"keration",原意指"角豆树的种子"。角豆树的种子质量基本一致,多在200mg左右。在历史上被用来作为测定质量的砝码,后来用它称贵重和细微的物质。1907年,国际上商定克拉为宝石的计量单位,并沿用至今。

2)玫瑰石王——红宝石,六射星光——蓝宝石

宝石的原生矿俗称刚玉,呈透明或半透明状,有玻璃光泽,硬度为9,仅次于金刚石,主要成分为 Al_2O_3,有无色、红色、蓝色和星彩等。无色透明的称为白玉;含 Ti^{3+} 或 Fe^{2+}、Fe^{3+} 呈蓝色的称为青玉,也称蓝宝石;含 Cr^{3+} 呈红色的称为红玉,也称红宝石。

红宝石(图6-10)和蓝宝石(图6-11)是"孪生姐妹"。红宝石都是红色的,但蓝宝石并不都是蓝色的,有的呈绿色、黄色或紫色,通常在蓝宝石名称前冠以颜色加以区别,如绿色蓝宝石、褐色蓝宝石、蓝色蓝宝石、黄色蓝宝石等(表6-3)。

图6-10 红宝石

图6-11 蓝宝石

表 6-3　蓝宝石随含金属离子的种类不同而呈现不同的颜色

离子	Ni^{2+}、Fe^{3+}	Fe^{3+}、Mn^{4+}	V^{3+}、Co^{2+}、Ni^{2+}	Cr^{3+}、Fe^{3+}、Ti^{3+}
颜色	黄色	褐色	绿色	蓝色

3）宝石奇葩——祖母绿

图 6-12　祖母绿

　　祖母绿（图 6-12）被誉为"绿色之王"，属于绿柱石矿物，硬度为 7.5，呈透明或半透明状，有玻璃光泽，化学组成是 $Be_3Al_2[Si_6O_{18}]$，由于内部所含的致色金属氧化物的种类和含量不同而呈现不同颜色。

　　绿柱石也称绿玉、绿宝石，化学组成也是铍铝硅酸盐，即 $Be_3Al_2[Si_6O_{18}]$，为透明至半透明晶体，纯净或只含 K、Na 杂质的绿柱石为无色透明，含铁（Fe）呈透明蓝色的绿柱石称为海蓝宝石，含铯（Cs）呈玫瑰色的绿柱石称为玫瑰绿柱石。

　　祖母绿和海蓝宝石等的多色性与其颜色深浅有关，浅色者多色性较弱，深色者多色性较强。祖母绿和海蓝宝石具有猫眼效应，很少具有星光效应。

　　4）金绿宝石、变石、猫眼

　　金绿宝石既是宝石名称，又是矿物名称，其化学式为 $BeAl_2O_4$，常含有 Fe、Ga、Ti、Ca 等微量元素，不同的微量元素可产生不同的颜色。

　　具有变色效应的金绿宝石称为变石；具有猫眼效应的金绿宝石称为猫眼（图 6-13）；既具有变色效应，又具有猫眼效应的金绿宝石称为变石猫眼；不具有变色效应，也不具有猫眼效应的金绿宝石则直接使用金绿宝石名称。表 6-4 为具有不同效应的金绿宝石的名称。

图 6-13　猫眼

表 6-4　具有不同效应的金绿宝石的名称

效应	变色效应	猫眼效应	变色效应、猫眼效应	不具有
名称	变石	猫眼	变石猫眼	金绿宝石

化学视界

猫眼效应

猫眼效应（chatoyancy）来源于法语"chat"（猫）和"oeil"（眼），俗称"猫眼"(cat's eye)，意为猫的眼睛。

某些沿特殊方向加工成弧面形或圆珠状的宝石，在光照下表面呈现出一条如猫眼的亮带，亮带随光源或宝石的移动会发生平行的移动，宛如猫眼细长的瞳眸，因而得名。除金绿宝石外，其他有猫眼效应的宝石，其名称在宝石的矿物名后加上"猫眼"两个字。

变色效应

变石之所以能变色，是因其自身对可见光的选择性吸收。它对红光和绿光的吸收很少，对其他色光则强烈吸收。日光或日光灯发出的光中绿光成分偏多，照到变石上，变石呈绿色。烛光和钨丝白炽灯发出的光中红光成分偏多，照到变石上，变石呈红色，因此变石被誉为"白天祖母绿，晚上红宝石"。

5）仙女化身——翡翠

翡翠（图6-14）的矿物成分主要是单斜辉石，此外常含有钠长石和角闪石类矿物以及铬铁矿、氧化铁（Fe_2O_3）等。翡翠的颜色变化很多，但是人们至今仍习惯将翡翠中红色部分称为翡，绿色部分称为翠，紫色部分又称紫罗兰。如果白色中同时含有绿色、红色和紫色，称为"福禄寿"，也称"桃园三结义"。

图 6-14 翡翠

6.2 首饰的鉴定

6.2.1 贵金属首饰

目测法

　　黄金首饰一般纯度越高色泽越鲜艳，18K金为黄中泛青，14K金为黄中透赤；铂金白中带灰，色泽灿烂；白K金为白色偏米黄色；白银的颜色是洁白的。

硬度法

　　纯金硬度较小，假黄金用手弯曲时感到坚硬。铂金的莫氏硬度为4~4.5，用小刀或玻璃刮有划痕，但不会被指甲刮伤。

火烧法

　　把首饰放在火中烧，待饰品微红时取出冷却之后，纯金首饰依旧色泽如新，K金首饰表面则呈现烟灰色的氧化层，纯度越低，颜色越黑。铂金熔点达到1773℃，一般焊枪无法熔化铂金，将铂金放在酒精灯或电炉上烧，铂金冷却后颜色不变。

化学法

　　将质量浓度为70%的硝酸分别滴在首饰上，保持原样的是真金首饰，若发生反应的则不是。将几滴硝酸（HNO_3）、盐酸（HCl）混合液滴在铂金在试金石上留下的划痕上，如果划痕不变，就说明是铂金。用玻璃棒将硝酸液滴于银首饰锉口处，呈糙米色、微绿色的成色较高；呈深绿色、黑色的成色较低。

6.2.2 宝石首饰

1. 笔式聚光手电

笔式聚光手电是用来观察浓色宝石的透明度、内部裂纹、杂质的仪器，其特点在于手电的电珠凹于笔头面，这是为了便于观察。笔式聚光手电主要分为三种：黄光灯、白光灯和紫光灯。

2. 查尔斯滤色镜

滤色镜是利用吸收光具有特定波长这一特征而设计的，两片明胶滤色镜仅让深红色和黄绿色光通过。滤色镜小巧轻便，便于携带，对识别一些染色宝石和人造宝石特别有效。它可以鉴别祖母绿和其他仿造品。若要准确地确定，还要借助其他方法综合考虑[3]。

6.3 首饰的保养

6.3.1 贵金属首饰

首饰佩戴久了表面往往失去光泽，可用软布、麂皮等干擦；对一些精雕细琢、缝隙较多不宜擦拭的首饰，可放在中性洗涤剂中清洗，然后用清水冲净、晾干。银制首饰如有擦痕、划痕，可在其表面涂一层不含氟的牙膏，用绸布擦拭，或者用布砂轮抛光；应使用药用软毛刷清洗，不可用含氟牙膏或漂白水等刺激性物品。牙膏的膏体在显微下放大看，是由无数个极细小的圆粒组成，用布蘸取牙膏擦拭银器，就是利用牙膏中的这种小圆粒摩擦银器表面，以物理抛光的方式使得银器表面光亮如新。

6.3.2　宝石首饰

（1）钻石的成分为碳，因此要避免接触高温物质，避免阳光暴晒，以免影响钻石的质地和色泽。而除紫水晶、黄水晶和粉水晶等有色水晶（这些水晶内含有铁、铜等元素，长时间暴晒会导致氧化或因高温改变水晶内分子结构而使其褪色）以外的水晶，放置于阳光下晒数个小时可将水晶净化。

（2）做家务时要避免钻饰沾上漂白水、肥皂、奶制品等污渍，它们会使钻石褪色或产生斑点，还可能使钻石暗淡。翡翠忌讳油烟油腻，不宜佩戴进厨房，若有污垢或油污等附着，应用淡肥皂水刷洗，再用清水冲洗。

（3）尽量分开摆放宝石，以避免相互摩擦而毁损。有裂缝的钻石要避免用超声波清洗，以免钻饰在超声波震动下破损；珍珠硬度比较低，佩戴久了易变黄，可用 1%~1.5% 双氧水（H_2O_2）漂洗，但要注意不要漂洗过度，否则会失去光泽。

（4）"玉养人，人养玉"，经常佩戴翡翠首饰就是对翡翠首饰最好的保养；珍珠饰品若长时间不佩戴或疏于保养，易变黄并难以复原。

（5）宝石要定期用性质温和的肥皂及毛刷清洗，水温要适宜，因热胀冷缩，可能会使宝石裂开或使其镶嵌爪松脱[4]。

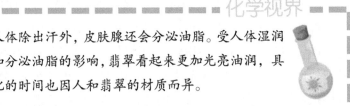

化学视界

人体除出汗外，皮肤腺还会分泌油脂。受人体湿润环境和分泌油脂的影响，翡翠看起来更加光亮油润，具体变化的时间也因人和翡翠的材质而异。

水晶首饰的保养还可以采用以下方法：

（1）将水晶放在香熏炉旁，点燃香熏精油（要用纯精油）也可以达到净化效果。

（2）将水晶放到盛满海盐的容器中，未加工过的粗盐（纯天然海盐）可以有效净化水晶。24h后取出，将水晶冲洗干净，放在阳光或阴凉处自然风干。

（3）用流动的水冲洗后放在阳光或阴凉处自然风干，也有净化作用。

佩戴珠宝首饰不仅寄托着人们的美好愿望（如驱邪、祈福等），而且逐渐变为一种风尚潮流。随着我国经济的迅猛增长和居民消费能力的提高，珠宝首饰成了一种新兴消费方式，人们在注重首饰外观的同时也慢慢更加追求首饰的品质。但是由于珠宝市场还不够成熟，科普贵金属、钻石首饰的知识对于消费者的理性消费有着重要意义。

 参考文献

[1] 徐植. 贵金属材料与首饰制作 [M]. 上海：上海人民美术出版社，2009.

[2] 闫黎. 首饰达人 [M]. 北京：化学工业出版社，2009.

[3] 申柯娅，王昶，袁军平. 珠宝首饰鉴定 [M]. 北京：化学工业出版社，2009.

[4] 孟祥振，赵梅芳. 宝石学与宝石鉴定 [M]. 上海：上海大学出版社，2004.

 图片来源

章首页配图、图 6-5、图 6-7、图 6-10、图 6-14　https：//www.hippopx.com

图 6-2、图 6-6、图 6-8、图 6-9、图 6-11~图 6-13　https：//pixabay.com

7 污垢的克星

○ 污垢克星有哪些

○ 洗涤剂的组成

○ 污垢消失的秘密

○ 如何科学使用

从茹毛饮血的原始社会一步步走来，人类学会了使用火，学会了制造和使用工具。在日常生产和生活中，人们逐渐发现生的食物会致使生病，也逐渐认识到卫生的重要性——从最开始的皂荚类植物，发展至今日覆盖衣食住行的日用洗涤品。日用洗涤品包含哪些种类？成分和去污原理是什么？人们又该如何科学使用它们呢？

哪种柔滑的物质能使物品更清洁、更鲜艳、更具有光泽？能清洁头发或者家里的地板？可以作为某些设备零件的润滑剂？能洗去手上的污垢？

污垢克星有哪些？它们的成分与作用是什么？又是遵循什么机理为人们服务呢？在使用日用洗涤品的时候，要注意哪些呢？

下面走近"污垢的克星"，一起来学习一下吧。

7.1 污垢克星有哪些

国际表面活性剂委员会（CID）将洗涤用品定义为专门拟定的配方配制的产品，其目的在于提高去污性能，包括必要组分（表面活性剂）和辅助组分。按洗涤剂来源可将洗涤用品分为合成洗涤剂和肥皂。

7.1.1 合成洗涤剂

合成洗涤剂与传统以天然油脂为原料的肥皂有很大的不同，它可以克服肥皂在硬水中洗涤效力差的缺点。

合成洗涤剂有庞大的家族谱系，家族成员间相互联系。按物理性状进行划分，可分为粉状洗涤剂、块状洗涤剂、液体洗涤剂和膏状洗涤剂；按去垢能力进行划分，可分为重垢型洗涤剂和轻垢型洗涤剂；按使用原料进行划分（图 7-1），可分为使用天然原料的洗涤剂和使用人造原料的洗涤剂[1]。

合成洗涤剂按使用领域进行划分，可分为家庭用洗涤剂和工业用洗涤剂；按使用目的进行划分，可分为衣用洗涤剂、发用洗涤剂、皮肤洗涤剂和厨房洗涤剂（表 7-1）。

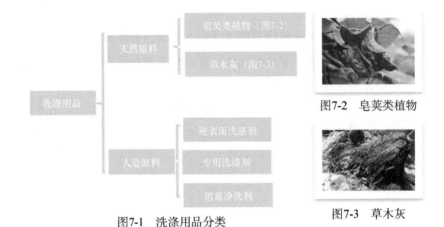

图7-2　皂荚类植物

图7-3　草木灰

图7-1　洗涤用品分类

表 7-1　合成洗涤剂按使用目的分类

种类	内容
衣用洗涤剂	一般包括干洗剂、去污剂、织物柔软剂，如棉、麻、丝、毛、化纤等各种混纺织物的专用洗涤剂。洗衣粉属于重垢型洗涤剂，一般不用于洗涤丝绸、羊毛、亚麻等面料，而多用液状的轻垢型洗涤剂
发用洗涤剂	属于化妆品类，主要作用为洗发和调理头发。按物理性状进行划分，有块状、膏状、透明液体、乳液和浆液洗发水。有适用于干性、油性和中性发质的洗发水，有不同 pH 的洗发水，有去屑止痒、滋养头皮等不同功效的洗发水。而这些不同功效，多通过添加何首乌、皂角、人参、果汁等合成得以实现
皮肤洗涤剂	对于身体的不同部位，也有不同的洗涤剂，如沐浴液、洗手液、洗面奶和洗脚液等，其中部分属于化妆品类。洗手液的专用程度更高，如医用洗涤剂，油漆工人、画家、染料工人、印刷工人等专用的洗涤剂。一般洗脚液的药用成分较高，多用于治疗足癣等
厨房洗涤剂	包括果蔬洗涤剂、餐具洗涤器、灶具洗涤剂等。此外，还有卫生设备清洗剂、厕所清洗剂、玻璃清洗剂、木制家具清洗剂、金属制品清洗剂等硬表面洗涤剂，种类繁多，不胜枚举

图7-4　洗衣粉

在我国洗涤用品行业中，占比最大的当属粉状洗涤剂中的洗衣粉（图7-4），其主要成分为烷基苯磺酸钠（图7-5），又称为四聚丙烯苯磺酸钠，是一种阴离子表面活性剂。它可以减弱污垢在衣服上的附着力，在搓洗等机械作用下，较轻松地去除衣物上的污渍，从而洗净衣物。通常情况下，洗衣粉生产者还会在其中加入磷酸盐、硅酸盐和硫酸盐等成分，从而降低表面活性，起到稳泡、乳化、防止腐蚀、防止结块等作用，提高表面活性剂的去污能力。

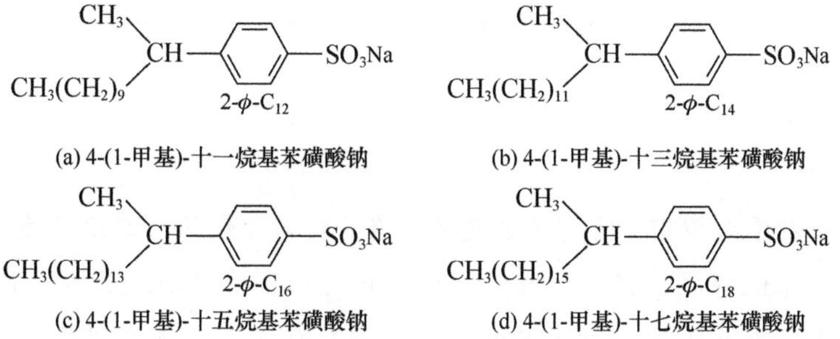

(a) 4-(1-甲基)-十一烷基苯磺酸钠

(b) 4-(1-甲基)-十三烷基苯磺酸钠

(c) 4-(1-甲基)-十五烷基苯磺酸钠

(d) 4-(1-甲基)-十七烷基苯磺酸钠

图 7-5　烷基苯磺酸钠

随着 20 世纪中期石油化工行业的迅猛发展，以石油为原料的洗衣粉开始大规模生产。洗衣粉具有便于携带、使用、储存和运输的特点，因此迅速融入人们的日常生活中。尤其在洗衣机普及之后，作为配套使用的洗衣粉更是走进千家万户。

虽然洗衣粉的优点众多，但缺点仍不容忽视。如果 pH 超过 12，洗衣粉的强碱性会使皮肤变粗糙、衣物变硬，同时腐蚀衣物上的拉链、纽扣等金属制品；其添加的成分助剂如磷酸盐等会污染环境。

加酶洗衣粉由于其加入了多种酶制剂，如蛋白酶制剂、脂肪酶制剂、淀粉酶制剂和纤维素酶制剂，可将血渍、粪渍、油渍、汗渍等蛋白质污垢降解为易溶于水的小分子肽，从而有效除去衣物上的污渍。酶的催化性能受温度影响较大，温度低时，酶的催化活性低；随着温度升高，酶的活性增加，但温度过高时，酶将失去催化活性。加酶洗衣粉中酶的最佳温度取决于酶的来源，中温酶的最适温度为 60℃，低温酶为 40℃。

酶具有高度特异性，一种酶只可以催化一种或多种化学反应。其结构与反应底物一一对应，只有特定的底物才能与酶结合并被催化。正因为如此，加酶洗衣粉才能在不破坏棉、麻和化纤衣物的前提下去污。

史中有化

在很久以前，便有了肥皂的存在。我国古代的人们用皂荚（皂角）来洗衣服。据说，在浪漫的法国还叫高卢的时候，人们因为爱美，在头上涂一种用羊油和山毛榉树灰混合而成的"发胶"，来固定住各种发型。在一次偶然的大雨中，因躲避不及时，一些人漂亮的头发被雨水打湿，但是人们惊奇地发现头发变干净了。高卢人从此开始用草木灰、山羊油和水制造肥皂。

7.1.2 肥皂

图 7-6 肥皂

肥皂（图 7-6）的历史悠久，采用天然的油脂制成，因此易降解，对环境无污染，且具有低毒、低刺激性的特点。国际表面活性剂委员会将肥皂定义为：至少含有 8 个碳原子的脂肪酸或混合脂肪酸的无机和有机碱性盐的总称。

 化学视界

谢弗勒尔（1786—1889，图7-7），法国化学家。他在1823年发现皂化反应的化学机理。油脂与氢氧化钠（NaOH）或氢氧化钾（KOH）反应，生成硬脂酸钠或硬脂酸钾和甘油的反应称为皂化反应。这是制造肥皂最重要的反应。

图7-7 谢弗勒尔

根据定义，可以将肥皂分为碱金属皂、有机碱皂和金属皂[2]。碱金属皂主要分为钠皂和钾皂，通常包括洗衣皂、香皂、药皂、液体皂和皂粉等。有机碱皂一般是由氨（NH_3）和乙醇胺（$H_2NCH_2CH_2OH$）制成，通常包括纺织洗涤剂和丝光皂。金属皂是指脂肪酸的金属（除碱金属外）盐，它们不溶于水，因此主要用于工业，不能用于洗涤。根据硬度的不同，还可将肥皂分为硬皂和软皂，硬皂主要为钠皂，软皂主要为钾皂。家庭常用肥皂见表7-2。

表 7-2　家庭常用肥皂

肥皂名	说明
洗衣皂	洗衣皂又称肥皂，主要成分为天然油脂、脂肪酸和碱生成的盐。顾名思义，洗衣皂主要用于洗涤衣物，也可用于洗手和洗脸等。硬水中较多的钙离子和镁离子易在肥皂水中生成不溶于水的钙皂和镁皂，因此在硬水中洗涤衣物，既浪费肥皂又洗不净衣物。除此之外，钙皂和镁皂易沉积在衣物上，长时间使用硬水易使衣物变硬
香皂	香皂一般用于洗手和洗脸等，可直接与皮肤接触，因此常质地细腻，对人的皮肤没有刺激性；同时为净化气味，还常加入香精等使其气味馥郁芬芳
透明皂	人们常用黄油、漂白棕榈油、椰子油、松香油为原料，甘油、糖、乙醇为透明剂来制造透明皂。透明皂因感观较好，也常被当作香皂和肥皂使用
药皂	药皂又称为抗菌肥皂或除臭肥皂，常具有药用成分，因此具有消毒、杀菌和防止体臭的作用，常用于洗手、洗澡
复合皂	复合皂中主要含有脂肪酸钠、钙皂分离剂和一些表面活性剂，因此在洗涤过程中不易形成不溶于水的钙皂，可有效增加肥皂的溶解度，提高肥皂的洗涤效果，克服肥皂在硬水中洗涤效果差的缺点。故复合皂成为肥皂和洗涤剂的"加强版"
液体皂	液体皂包括液体洗衣皂和液体沐浴皂。主要成分为钾皂，还加入了钙皂分离剂和一些表面活性剂，因此易溶于水，使用方便
美容皂	美容皂也称营养皂，不仅可以清洁皮肤，还可以促进皮肤的新陈代谢，减缓皮肤衰老，起到滋养皮肤的效果。一般在其中加入牛奶、蜂蜜、人参液、珍珠粉、芦荟和维生素E等成分
富脂皂	富脂皂也称过脂皂、保湿皂，是在肥皂中加入脂肪剂，使清洁后的皮肤留有一层疏水膜，使皮肤柔嫩细滑

7.2　洗涤剂的组成

表面活性剂和洗涤助剂（辅助原料）共同组成了洗涤剂。例如，油脂、碱和辅助原料制成了肥皂。通常用于制作肥皂的动物脂肪包括黄油、绵羊脂肪、猪油和鱼油；常见的植物油包括棉籽油、葡萄籽油、甜杏仁油、米糠油和棕榈油等。

7.2.1 表面活性剂

表面活性剂是洗涤剂的主要成分，分子结构中含有亲水和疏水基团。少量添加便可以显著降低溶剂（一般为水）的表面张力，改变体系界面的状态，从而产生润湿或反向润湿、乳化或破乳、起泡或消泡、增溶等一系列效果。表面活性剂种类繁多，达 2000 多种。

1. 结构

在结构上，表面活性剂分子的共同特点是分子中均带有"双亲"基团，即亲水的极性基团（亲水基），如羧酸盐（—COONa）、硫酸酯盐（—OSO$_3$Na）、磺酸盐（—SO$_3$Na）、铵盐（—NH$_2$）、磷酸酯盐（—OPO$_3$Na）和羟基（—OH）等；疏水的非极性基团（亲油基），如碳原子数 ≥ 8 的烃基。在洗涤时，范德华力使烃基与油脂连接，氢键使羟基与水结合。

表面活性剂结构中的亲油基能将单独的油滴（有机物）包围并拉入水中，由大油滴变成小油滴，起到"乳化"的作用。如果表面活性剂分子足够多，溶液中的油可以被完全包围，由"乳化"进入溶解状态，从而使油和水不再分层。

人体组织的许多物质都由类似的"两亲结构"形成，如动物脑中的磷脂、肝脏、蛋黄素（一般指卵磷脂，图 7-8）和植物种子。这有利于脂肪的吸收、消化，因为它们对油脂同样具有乳化作用。

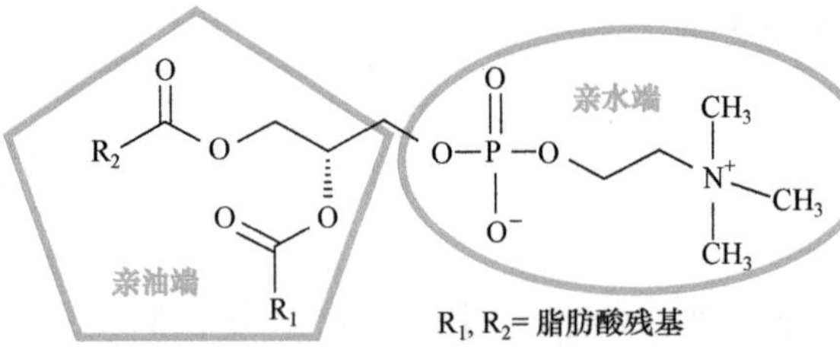

图 7-8　卵磷脂

2. 分类

通常根据表面活性剂是否可以在水溶液中分解成离子，将其分为离子型和非离子型表面活性剂。离子型表面活性剂可根据离子的性质分为阴离子、阳离子和两性离子表面活性剂（图7-9）。

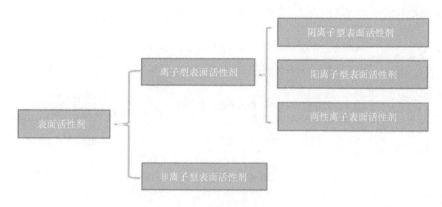

图 7-9　表面活性剂的分类

1）离子型表面活性剂

大部分洗衣粉中的烷基苯磺酸钠和普通肥皂的脂肪酸盐都是阴离子表面活性剂；一些杀菌剂的铵盐，如季铵盐、叔胺为阳离子表面活性剂；用作乳化剂、柔软剂的氨基酸盐，它们在水中可解离成阴、阳两类离子，因此称为两性离子表面活性剂 [3]。

2）非离子型表面活性剂

非离子型表面活性剂在水中以分子状态存在，如一些山梨糖醇脂肪衍生物制成的液体洗涤剂或洗涤剂，一些聚醚类加聚而得的低泡沫洗涤剂等。

7.2.2　洗涤助剂

洗涤剂助剂是在净化过程中增加洗涤剂作用的辅助材料。它们可以显著提高洗涤性能，或者减少表面活性剂的用量，是洗涤剂的重要组成部分。洗涤助剂有很多种，常用的洗涤助剂见表7-3。

表 7-3 常用的洗涤助剂

种类	成分	作用
沸石	人造沸石	软化洗涤剂，使其呈碱性，可吸附污垢颗粒，促进污垢聚集，增强洗涤效果
磷酸盐	磷酸二氢钠（钾）、三聚磷酸钠（钾）、焦磷酸钠（钾）、聚合磷酸盐	软化硬水，防止污垢再沉积，乳化和稳定乳化
荧光增白剂（FWA）	二氨基二苯乙烯类、氨基香豆素衍生物和二氨基吡唑啉衍生物	使衣物显得明亮而洁白
漂白剂	过磷酸钠、过硼酸钠和过氧化氢、含氧漂白粉	强力去污、漂白、提高洗涤效果
抗再沉淀剂	羧甲基纤维素、羟丙基甲基纤维素、羟丁基甲基纤维素	增稠、黏合、乳化、成膜、防止污垢再沉淀
酶	蛋白酶、脂肪酶、淀粉酶、纤维素酶、果胶酶、左旋糖酐酶	特异性清除不同类型的污垢
柔软剂和抗静电剂	二甲基烷基季铵盐、二酰胺基一烷氧基铵盐、咪唑啉化合物	清除织物上盐类物质，使织物膨胀、柔软、手感好
增泡剂和抑泡剂	脂肪酸、单乙醇酰胺、脂肪酸丙醇酰胺、烷基二甲基氧化胺	增加溶液的黏度，延长泡沫的持续时间，控制泡沫在一定数量
增溶剂	甲苯磺酸、异丙苯磺酸、钠盐、钾盐、铵盐、乙醇、乙二醇、异丙醇	提高各种配方的溶解性，防止沉淀析出和分离
增稠剂	羧乙烯聚合物、羧乙基纤维素、甲基羟丙基纤维素、氯化钠、氯化钾、芒硝	提高黏度，增强手感
色素	贝壳粉、云母粉、天然胶原蛋白、二醇硬脂酸、乙二醇硬脂酸	产生光泽，使洗涤剂质感更好
营养素	维生素、氨基酸、抗炎物质、抗过敏物质、天然植物药材	增加洗涤剂的功能，提高洗涤质量

7.3 污垢消失的秘密

如果想了解去污剂的去污原理和过程，有必要先了解污垢的种类、性质和特点。

7.3.1 污垢的种类和性质

污垢的来源主要是生活和工作环境中接触的各种物质、人体分泌物，如汗液、皮脂等。污垢通常黏附在基质表面上，也可以渗透到基质内部。它可以改变基质表面和内部的清洁质地。根据污垢的性质，它可分为油脂污垢、固体污垢和水溶性污垢。

1. 油脂污垢

油脂污垢不仅包括植物油脂和动物油脂，同时包括人体分泌的皮脂、脂肪酸、胆固醇类，还有矿物油及其氧化物等。

油脂是一类由甘油和高级脂肪酸生成的物质，其一般结构如图 7-10 所示，其中 R_1、R_2、R_3 为碳数大于 14 的烃基。根据相似相溶原理，它易溶于汽油等有机溶剂。在酸、碱和酶的催化作用下水解，生成甘油及相应的高级脂肪酸。

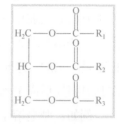

图 7-10　油脂的结构式

油脂不溶于水，比水轻。如果水和油混合并振荡，油将以小油滴的形式分散在水中，形成不稳定的乳液。放置后，小油滴将相互碰撞并聚集成大油滴，很快漂浮在水面上，最后分成两层。油脂在纺织品、皮肤和其他基质上具有较强的附着力，不易被洗脱。

2. 固体污垢

固体污垢通常为不溶物，如灰尘、金属氧化物等。它们可单独存在，也可与油水粘在一起，一般带负电。

3. 水溶性污垢

水溶性污垢包括盐、糖和有机酸，但血液、某些金属盐溶液会污染织物和其他基质，使其难以去除。

上述类型的污垢往往会形成复合体，在环境中被氧化分解，形成更复杂的化合物。

7.3.2　洗涤机制

水滴落在石蜡上，石蜡几乎不会被弄湿。毛毡难以浸泡在水中。这是因为物体之间存在界面张力。而洗涤剂的洗涤原理就是将表面活性剂的亲油端和亲水端分别吸附在油 - 水两相界面上。油和水通过亲水基团和亲水基团连接，降低了界面张力和它们之间的排斥力。应尽可能增加油和水的接触面积，使油以

微小粒子稳定分散在水中。洗涤剂可以对基质和污垢进行润湿和渗透，并在溶液中乳化、分散和增溶，从而达到去污效果。

1. 润湿作用

没有润湿作用，就不可能洗净衣物，润湿作用和物质表面的性质有关。附着于衣服和皮肤的污垢大部分是疏水的。丝绸、棉花、羊毛、麻和人造纤维，虽然有些本身是亲水的（含有多个羟基），但大多数都有一层油膜，因此表面也多是疏水的。这要求洗涤剂分子在洗涤过程中能够"挤入"织物和污垢之间，在其界面处形成亲水性吸附层。

例如，肥皂溶于水后，其主要成分在水溶液中能电离出 Na^+ 和 $RCOO^-$。在 $RCOO^-$ 基团中，极性的—COO^- 部分（称为极性头）可溶于水，为亲水基，这使得不易被润湿的纤维表面易被水润湿；亲油的一端长链烃基—R 部分溶于油，为憎水基，受到水的排斥暴露在水中（称为非极性尾）。在水的作用下，当肥皂和油污相遇时，形成亲油基团在内、亲水基团在外的泡沫。白色的泡沫个头虽小，表面积却很大，其内部尽是气体，比水轻，浮上水面。它能将已"动摇"了的脏东西从衣服上"拉"下带到水面。除摩擦效果外，油污更易从织物上脱落并分散成小油滴进入皂液中，形成乳浊液。此时，憎水基插入已搓洗下来的油脂颗粒中，而亲水的—COO^- 部分则延伸到水中。通过这种方式，油滴被一层亲水基包围，并且不能彼此结合，因此经水漂洗后可以实现去污目的。

当洗涤剂分子渗透进原来黏合的污垢间隙和裂缝中将其分散成更小的颗粒，这一作用就是润湿。可用接触角 θ 表示液体对固体表面的润湿作用。接触角是指液滴在固体表面形成的角度。如图 7-11 所示，当 $\theta=0°$ 时，完全润湿；当 $0°<\theta\leqslant90°$ 时，部分润湿；当 $90°<\theta<180°$ 时，基本不润湿；当 $\theta=180°$ 时，完全不润湿。例如，水对石蜡表面的接触角为 $108°$，水对雨衣表面的接触角为 $156°\pm9°$。

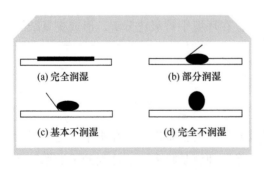

(a) 完全润湿　　(b) 部分润湿

(c) 基本不润湿　　(d) 完全不润湿

图 7-11　接触角与润湿情况

2. 洗涤过程

洗涤的基本过程如下：

$$被洗物 - 污垢 + 洗涤剂 \xrightarrow{\text{介质}} 被洗物 + 被洗物 - 污垢$$

其中水为水洗介质，有机溶剂为干洗介质。除上述润湿作用外，洗涤剂还具有以下作用。

（1）机械作用：通常与起泡有关，借助揉搓及泡沫的活动，使污垢易脱落。

（2）乳化作用：使污垢分散，不再回附于纤维。

（3）增溶作用：污垢可进入洗涤分子胶束，最终脱离被洗物。

洗涤剂的去污能力是由界面张力降低而引起的润湿、渗透、起泡、乳化和增溶等效果的综合结果，可以用去污力来表示。

$$去污力 = \frac{洗涤前附着量 - 洗涤后附着量}{洗涤前附着量} \times 100\% = \frac{洗涤掉的附着量}{洗涤前附着量} \times 100\%$$

还可以制备人造污布并测量其反光率，作为某些洗涤过程中洗涤剂去污能力的标准。

7.4 如何科学使用

皮脂腺分泌的油性物质可起到滋润皮肤的作用。但是，肥皂具有极强的去除脂肪的能力，过多地使用肥皂，会洗掉皮脂保护膜，导致皮肤干燥、脱屑，容易受到外界环境的刺激。生活污水的滥排滥放使合成洗涤剂在水中产生大量的泡沫，阻碍水与空气的接触，降低水中的溶氧量，对水生生物的生存产生不利影响。洗涤剂还易使土壤吸附污染地下水；洗涤剂中的磷也可以促进环境水质的富营养化，使生活在水中的藻类迅速繁殖，导致赤潮（红潮）。目前，含磷助剂已逐渐受到限用或禁用。为了保护自己和环境，如何科学使用各种洗涤剂呢？

首先，正确选用洗涤剂。例如，如果使用肥皂，首先要了解不同功能的肥皂和自身皮肤类型的特点。干性皮肤较薄，皮脂腺分泌油脂少而缓慢，应选用富脂皂，洗涤后残留的羊毛脂和甘油可以保护皮肤。婴儿皮肤细腻，应选择婴儿肥皂和液体皂类。油性皮肤适宜用去油力强的肥皂，具有杀菌能力。老年人新陈代谢缓慢，应使用较温和的肥皂或少用甚至不用肥皂。

其次，正确使用洗涤剂。要注意洗涤剂的物理性状，特别是液体洗涤剂是否均匀，是否有沉淀或悬浮物。避免皮肤直接接触浓度较高的洗涤剂，特别是重垢型洗涤剂。长时间洗涤后，应适量涂抹油性较大的护肤霜。

 ## 参考文献

[1] 薛永强，赵红，栾春晖，等 . 化学的 100 个基本问题 [M]. 太原：山西科学技术出版社，2004.

[2] 涂长信 . 现代生活与化学 [M]. 济南：山东大学出版社，2006.

[3] 柳一鸣 . 化学与人类生活 [M]. 北京：化学工业出版社，2011.

 ## 图片来源

章首页配图、图 7-2　https：//pixabay.com

图 7-4~ 图 7-6　https：//www.hippopx.com

图 7-11　谭婷婷，郝姗姗，赵莉，等 . 表面活性剂的性能与应用（ⅩⅤ）：表面活性剂的润湿作用及其应用 [J]. 日用化学工业，2015，45（2）：72-75，89.

8 美"发"靓"妆"之谜

- 美发彩饰化妆品

- 面颊用彩饰化妆品

- 眼用彩饰化妆品

- 唇用彩饰化妆品

- 指甲用彩饰化妆品

人类从远古社会起，就有了化妆的活动。随着生活水平的提高和科学技术的发展，化妆品和化妆品生产工业也达到了相当高的水平，化妆品已成为现代人生活中的日常消费品。

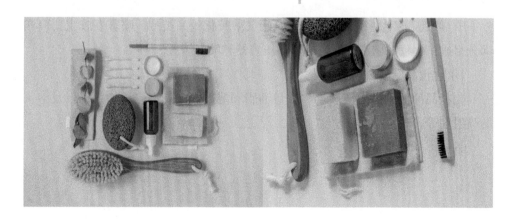

随着经济发展和社会文明程度的不断提高，人们的物质和文化生活发生了质的变化，追求并塑造人体美成为时尚，人们对美的追求更加强烈，对美的品味更加有时代感。

也许你经常会用到"美发靓妆"化妆品，但是你知道化妆品有哪些种类吗？不同的化妆品中又有哪些成分呢？它们是如何起到"美发靓妆"作用的？下面就带着疑问来享受这场知识的盛宴吧！

8.1 美发彩饰化妆品

美发化妆品按使用目的主要可分为清洁、整饰、着色（或漂白）和卷曲（或伸直）用品[1]。

8.1.1 头发"整洁"的帮手——整发剂

整发剂，也称为整发化妆品、固发剂，能整理发式、保持定型，给予头发光泽和阻延湿度丧失。

1. 喷雾发胶

喷雾发胶能定型和修饰头发，属于气溶胶化妆品类型。喷雾发胶主要由四部分组成：化妆品原液、喷射剂、耐压容器和喷射装置。

1）化妆品原液

化妆品原液中含有成膜剂、少量油脂和溶剂、中和剂、添加剂，以及溶入的喷射剂等。

a. 成膜剂

成膜剂是固定剂的重要组分，良好的成膜剂不但能起到固定发型的作用，还能使头发变得柔软。早期选用的是天然胶质，如虫胶、松香、树胶（图8-1）等为成膜胶，现多选用合成高分子，常用的有水溶性树脂，如聚乙烯醇。

图8-1 树胶

b. 溶剂

溶剂的功能是溶解成膜物，主要用来溶解发胶中的各种成分，调整发胶浓度，并通过调整与喷射剂的比例控制喷雾形态。一般是水、醇（乙醇、异丙醇）、丙酮。

2）喷射剂

喷射剂主要包括液化气体和压缩气体。液化气体一方面提供动力，另一方面与原液中的成分混合成为溶剂。常使用加压时易液化的气体。以前常用氟利昂，因环保问题，目前已禁用。现常用的有低级烷烃、醚类等。

2. 发用摩丝

摩丝是气溶胶泡沫状润发、定发制品。如今，逐渐出现了保湿摩丝、防晒摩丝等，产品使用范围从头发拓展为全身。发用摩丝由原液和喷射剂（液化气体）组成。

（1）成膜剂和调理剂：主要是水溶性聚合物。

（2）表面活性剂：其作用是降低表面张力，并具有分散作用。表面活性剂的选择既要保证摩丝泡沫具有初始的稳定性，也要体现其柔软性，使梳理时易于分散，还应较易破灭分散。表面活性剂的分散作用是指使用前使喷射剂呈小的液滴均匀分散于水相中，形成暂时均匀体系，从而生成均匀致密的泡沫。

（3）喷射剂：主要是液化石油气，有丙烷（C_3H_8）和丁烷（C_4H_{10}）等。为了获得性能较好的泡沫，要求使用的喷射剂挥发膨胀较快，通常为挥发性较高的物质。

3. 发用凝胶

发用凝胶是一种非流动凝胶状整发化妆品，干性毛发比较适用。主要原料包括成膜剂、凝胶剂、中和剂和添加剂等。

（1）凝胶剂：主要功能是形成透明凝胶基质，且具有一定固定发型作用，也起增稠剂的作用。

（2）中和剂：有氢氧化钠等，主要用于使用酸性聚合物成膜剂的体系。

（3）溶剂：通常为水，用量也较大。

（4）添加剂：通常包括增溶剂、紫外线吸收剂、香精、色素和防腐剂等。增溶剂通常使水和聚合物混溶，成为透明体系；紫外线吸收剂能防止紫外线对凝胶的破坏。

8.1.2　染发化妆品

毛发主要由角蛋白组成，含有碳（C）、氢（H）、氮（N）及少量硫（S）元素。染发正是基于头发的组成，通过各种染料作用实现的，图8-2为染发机理。

图 8-2　染发机理

染发剂分类如下：按照使用染料划分为植物性染发剂、矿物性染发剂、合成性染发剂；按照染发原理划分为暂时性染发剂、半永久性染发剂、永久性染发剂、漂白剂。

漂白剂

黑素颗粒决定头发的色调，头发漂白剂使黑素颗粒氧化分解，从而达到漂染效果。目前一般使用碱性过氧化氢使黑素颗粒氧化分解。

1. 暂时性染发剂

暂时性染发剂属于颜料，只是暂时黏附在头发表面，染发牢固度差，通过洗涤便可全部除去。主要原料一般包括着色剂（天然染料或合成颜料）、溶剂（乙醇、水、油脂、蜡等）、增稠剂（纤维素类、树脂等）及保湿剂、乳化剂、香精、防腐剂等。染料主要来源于天然色素，多以颜料为主，如炭黑，因此对皮肤、毛发的刺激性较低。天然植物染发化妆品的原料有凤仙花、苏木素、红花等；合成颜料有炭黑、矿物性颜料、浓黄土、有机合成颜料等。这些大分子组成的染料（颜料）不能穿过头发角质层，作用时间较短。

暂时性染发剂一般将染料配入（溶解或分散）基质中，可利用油脂进行附着性染发，如膏状染发剂；也可利用水溶性聚合物凝胶进行吸附性染发，如凝胶型染发剂；还可利用高分子树脂进行黏接性染发，如喷雾染发剂、染发摩丝等。

2. 半永久性染发剂

半永久性染发剂主要指能保持6~12次香波洗涤的染发剂。与永久性染发剂相比，其优势在于不需经过氧化便可将头发染成不同的色泽。其作用机理与头发的组成有关。毛发的横断面可分为三层，由外而内依次为表皮层、皮质层和髓质层（图8-3）。

图8-3 头发的结构

半永久性染发剂大多是植物性染发剂，因此毒性较小。主要原料包括染料、碱性剂、表面活性剂、增稠剂、香精、水等。其中，碱性剂主要是为染发提供碱性环境，使头发膨胀易处理。

3. 永久性染发剂

永久性染发剂是指着色鲜明、固着性强、不易褪色的发用化妆品，一般可保持1~3个月，但染发过程中碱性氧化剂对发质、头皮有一定损害。染发剂经皮肤、毛囊进入人体，可能破坏血细胞，甚至导致细胞突变。染发剂附着时间越长，毒性越大，因此尽量不使用永久性氧化型染发剂。

化学视界

警惕身边的"慢性中毒"

劣质染发剂中可能存在汞盐超标使用问题，长期使用易造成慢性汞中毒。

染发时应注意购买正规厂家的知名品牌染发剂，购买前看成分列表；染发最好一年不超过两次；染发前应先做皮试，将染发剂涂一点到耳后的皮肤，贴上医用胶布保留两天，如果皮肤无红肿、痛痒反应，再使用[2]。

8.1.3 烫发化妆品

烫发化妆品的功能是改变头发弯曲程度，并维持相对稳定。头发几乎均由角蛋白构成,其主要成分是胱氨酸(一种氨基酸,图8-4),分子中含有二硫键、离子键、氢键等,水或酸碱性物质及机械揉搓等作用均可使头发中的氢键及离子键作用消失。因此,头发在水中能膨胀软化,弹性也将改变,但头发干后,没有水分的存在,氢键又会形成,仍能恢复原来状态。

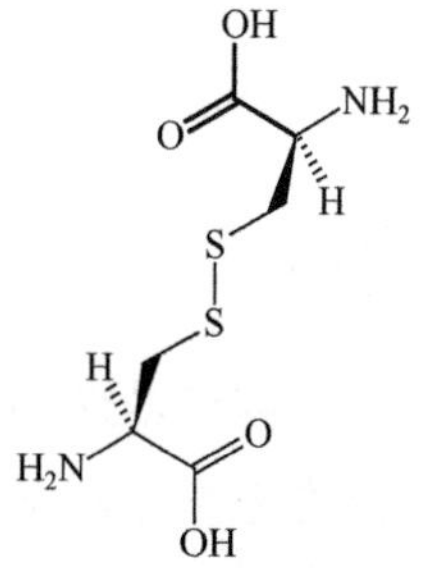

图 8-4　胱氨酸的结构式

二硫键的结合力较强,它的存在保持了头发的刚度和弹性。如果用 NaOH 溶液进行溶解反应,则能破坏头发中的二硫键。

温度越高、pH 越大或处理的时间越长,损失的硫(S)越多。烫发原理与头发的水解反应息息相关。二硫键易被还原剂破坏,只要将头发浸上碱性药水,利用卷发器将头发卷曲,再对头发加热,使其水解而破坏二硫键,从而形成新的硫化键,将头发形成的波纹固定,烫发就完成了,如图 8-5 所示。烫发的方法有水烫、火烫、电烫和冷烫等。在热烫中,二硫键的断裂和硫化键的形成是连续的,随温度变化而变化。冷烫同样是将二硫键还原,再用氧化剂使头发在卷曲状态下生成新的二硫键,从而实现头发长时间形变。但与热烫不同的是,新的硫化键形成必须经过氧化剂的氧化作用。

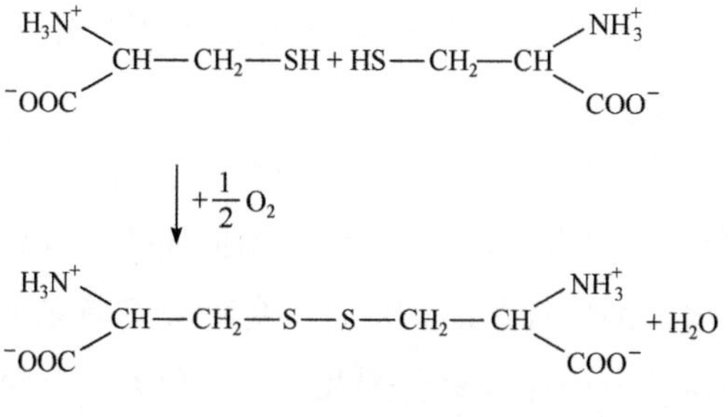

图 8-5　烫发的化学反应式

目前常用的烫发化妆品是由二剂型组合构成的,其中卷发剂(Ⅰ剂)起切断二硫键的作用,中和剂(Ⅱ剂)将断开的二硫键重新连接。

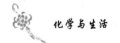

频繁染发的危害

频繁染发会损伤毛囊、发质，使头发干枯，头发强度降低，容易断裂，没有光泽，影响头发的生长。染发剂与头皮的接触可能引起接触性过敏，表现为头皮红斑、水肿，甚至糜烂、渗液，伴有明显瘙痒。另外，染料经皮肤毛囊进入人体，然后进入血液，染料的浓度过高或染发频繁也将导致患淋巴癌和白血病的概率大大增加。

因此，人们在享受烫发带来的快乐与美感的同时，也不能忽视其对身体的危害，应尽量减少染发、烫发的频率和次数。

1. 卷发剂

卷发剂的组分主要有以下几种。

（1）还原剂：这是冷烫液的主要成分。

（2）碱性物质：烫发时 pH 一般应维持在 8.5~9.5。用于冷烫液的碱性物质主要有氨水（$NH_3 \cdot H_2O$）、碳酸氢铵（NH_4HCO_3）、氢氧化钾（KOH）、碳酸钠（Na_2CO_3）和硼砂（$Na_2B_4O_7 \cdot 10H_2O$）等。

（3）添加剂：添加剂常包括滋润剂、软化剂、增稠剂、调理剂、螯合剂、香精等。滋润剂使头发柔韧、有光泽；软化剂促使头发软化膨胀，有利于处理液渗透到头发中；增稠剂增加制品稠度，避免卷发剂有效成分流失；调理剂改善头发梳理性；冷烫液中还加入螯合剂及香精、色素等。螯合剂的主要作用是避免铁离子（Fe^{3+}）对还原剂的影响。

2. 中和剂

中和剂的主要成分是氧化剂，可以使卷曲的头发定型，还能将残余冷烫液除去。常用的中和剂有过氧化氢（H_2O_2）、硼酸钠（$Na_2B_4O_7$）等。

8.2 面颊用彩饰化妆品

面颊用彩饰化妆品的分类如图 8-6 所示。

图 8-6 面颊用彩饰化妆品的分类

面颊用彩饰化妆品的主要原料有着色颜料、白色颜料、珠光颜料和体质颜料等粉体部分和作为粉底原料分散使用的基剂成分[3]。为制备性能稳定的产品，对使用的粉料有以下特殊要求。

1）遮盖力

性能良好的粉料能遮盖皮肤本色，这主要依靠粉料中有良好遮盖力的白色颜料，如氧化锌（ZnO）、二氧化钛（TiO_2）和碳酸镁（$MgCO_3$）等。它们称为遮盖剂。

2）吸收性

吸收性是指对香料、油脂和水分的吸收。香粉中一般采用沉淀碳酸钙（$CaCO_3$）、碳酸镁（$MgCO_3$）、胶性陶土和硅藻土等作为香料吸收剂。

3）黏附性

常使用滑石粉和一些金属皂类增强化妆品的黏附性。这些物质体积大而轻，色白无臭，黏附性好。

4）滑爽性

粉料的滑爽性能主要依靠滑石粉。后来，为提高滑爽性，开始使用粒径为 5~15μm 的球状粉体，包括二氧化硅（SiO_2）和氧化铝（Al_2O_3）球状粉体、纤维素微球、尼龙和聚乙烯等。

8.2.1　粉底类化妆品

粉底类化妆品的主要作用是修饰皮肤色调，形成化妆美容的基底。粉底按基质体系性质可分为液状粉底、乳化性粉底和凝胶型粉底。

1. 液状粉底

液状粉底分为水基型和油基型。水基型液状粉底也称为水粉，是将粉末原料悬浮于甘油、亲水性胶体溶液或低浓度乙醇溶液中制成的流动性浆状物，适合夏季使用。油基型液状粉底是将粉末原料悬浮于轻质油脂中制成，是具有流动性的浆状物，静止时油层会析出，需轻摇后使用，适合冬季使用。

2. 乳化性粉底

乳化性粉底是将粉料均匀分散、悬浮于乳化体（膏霜或乳液）中而得。使用后效果自然，既可修饰肤色，又能护肤润肤，且易卸妆。

乳化型粉底体系由粉料、油脂和水三相经乳化剂乳化而成，它的稳定性不及由油相和水相制得的乳化膏好。

8.2.2　香粉类化妆品

皮肤经其他美容涂敷后，香粉类化妆品主要起修饰、补妆和色调调节作用，主要包括散粉和粉饼。散粉是由粉体原料配制而成的不含油分的粉状制品，现已逐步被粉饼代替。粉饼是由香粉压制而成的化妆品。

8.2.3　胭脂类化妆品

胭脂的主要原料除颜料、香料外，还包括滑石粉、高岭土、碳酸钙（$CaCO_3$）、氧化锌（ZnO）、二氧化钛（TiO_2）、淀粉、胶黏剂和防腐剂等。

1. 液状胭脂

液状胭脂包括悬浮体和乳化体两种。悬浮体液状胭脂是将颜料悬浮于水、乙醇、甘油和其他液体中制成，需在使用前摇匀。

乳化体液状胭脂是将颜料悬浮于流动乳化体中制成。大多数乳化体呈碱性，在碱性介质中有些水溶性色素具有强染色力，而另一些在光照下会褪色，故只有少数几种有机色淀和其他色素适合做乳化体。

2. 乳状胭脂

乳状胭脂的主要原料是油脂和颜料，又可细分为油膏型和膏霜型。

油膏型产品的原料早期是用矿物油和蜡类配制而成，近年来的新型产品基本为低黏度的油状液体，在滑石粉、碳酸钙（$CaCO_3$）、高岭土和颜料存在下，用高黏度蜡类增加稠度和提供所需硬度。

霜膏型产品是以乳化体为主，可避免油膏型产品的油腻感，其组分主要有油相、水相及乳化剂，并含有保湿剂以防干缩。

8.3 眼用彩饰化妆品

战国时期《孟子》的《离娄章句（上）》中说道"存乎人者，莫良于眸子"，可见眼睛的重要性。眼用彩饰化妆品主要包括眼影（图 8-7）、睫毛油、睫毛膏（图 8-8）和眼线笔（图 8-9）等。

图 8-7　眼影　　　　　图 8-8　睫毛膏　　　　　图 8-9　眼线笔

常用的眼影主要是眼影膏和眼影粉饼。在持久性能方面，眼影膏比眼影粉饼好。眼影膏的主要原料有矿物油、凡士林、白蜡、地蜡、巴西棕榈蜡、羊毛脂衍生物和颜料等。眼影粉饼的原料类型、配方组成及配制方法与胭脂粉饼类似。

睫毛油和睫毛膏一般用炭黑（C）或氧化铁（Fe_2O_3）等作原料。睫毛膏的主要原料有硬脂酸、蜂蜡、石蜡、羊毛脂、皂类、无机颜料、水和防腐剂等，睫毛油的主要原料有胶黏剂、增溶剂、着色剂、乙醇和水等。眼线笔主要呈蜡状。眼线液主要有薄膜型和乳液型。薄膜型眼线液中需添加成膜剂，主要采用纤维素衍生物等天然高分子化合物及水溶性的合成高分子化合物，还常用乙醇溶剂，以加快膜的干燥速度。

8.4　唇用彩饰化妆品

口红是所有唇部彩妆的总称，包括唇膏（图 8-10）、唇彩（图 8-11）、唇棒和唇釉（图 8-12）等。

图 8-10　唇膏　　　　图 8-11　唇彩　　　　图 8-12　唇釉

唇膏是最原始、最常见的口红之一，其主要原料有着色剂、油脂和蜡类。

8.4.1　着色剂

唇膏中的色素分为可溶性染料、不溶性颜料和珠光颜料三类。可溶性染料使用最多的是溴酸红染料。不溶性颜料通常是一些固体粉末混入油脂、蜡质基质中。常用的不溶性颜料是有机色淀颜料，但其附着性差，需和溴酸红颜料并用。

8.4.2　油脂和蜡类

油脂和蜡类的含量一般占唇膏的 90% 左右，各种油脂、蜡类用于唇膏中，可实现唇膏的不同质量要求，如黏着性、对染料的溶解性、成膜性、硬度和熔点等。

8.5 指甲用彩饰化妆品

指甲化妆品主要包括指甲护理剂、指甲表皮清除剂、指甲油、指甲油清除剂和指甲漂白剂等。

8.5.1 指甲油

指甲油的主要原料如下。

1. 成膜物

成膜物是指甲油的基本原料，在涂布后形成薄膜。常用的有硝酸纤维素、醋酸纤维素（图8-13）、聚乙烯化合物等。

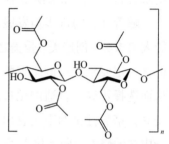

图 8-13 醋酸纤维素的结构式

2. 树脂

为加强指甲油形成的膜与指甲表面的附着力，需在指甲油中添加树脂，也称为胶黏剂。树脂的选择主要考虑与色素的相互作用，与成膜剂的相溶性和溶解性等。

3. 增塑剂

增塑剂可以改变膜的性质，还可增加膜的光泽，但含量过高会影响成膜附着力。指甲油中常用的增塑剂有樟脑、蓖麻油和柠檬酸酯等。

4. 溶剂

溶剂在指甲油中主要起溶解成膜物、树脂和增塑剂，调整体系黏度的作用。溶剂通常为挥发性物质，指甲油中多采用混合溶剂。

5. 悬浮剂

指甲油中的着色剂相对密度及粒径较大等，因此常出现着色剂沉淀，需添加悬浮剂。

8.5.2　指甲漂白剂

指甲漂白剂主要用于去除指甲和手指上的墨水迹、烟斑或食物等有色污迹。根据污迹的性质，采用氧化法或还原法去除污迹。氧化法是利用氧化剂如过氧化氢（H_2O_2）、过硼酸钠（$NaBO_3$）、过氧化锌（ZnO_2）、氯酸盐；还原法常将亚硫酸盐和稀盐酸（HCl）混合使用。

正确使用化妆品不仅有理想的美容效果，而且有利于保持皮肤健康，延缓皮肤衰老[4]。但如果使用不当，也会带来严重的后果。

随着社会的进步与发展，人们的物质与文化生活水平不断提高，越来越多的人追求美、创造美。爱美之心人皆有之，"美发靓妆"化妆品使人们变得更美，但这一定要建立在健康皮肤之上。因此，人们需要了解化妆品的用途和成分，从而选择正确、合适的化妆品。当然，美是多面化的，人们应当树立正确的审美观，培养健康的审美意识，在通过化妆品实现外在美的同时，更应该注重自身内在的修养，做到仪表美、素质美、气质美、心灵美、健康美的完美统一[5]。

化学视界

化妆品对人体的危害

化妆品具有保护和美化的功能，总的来说对人体是安全的。但化妆品的种类繁多，有的含有对人体有害的化学物质，如重金属、色素、抗生素、激素等。这些成分可能刺激人体皮肤，损伤使用者的皮肤角质层。化妆品中可能含有的致敏物质会导致某些特殊人群出现皮肤水肿、瘙痒、斑疹等症状。部分化妆品中含有的汞、铅、砷及其化合物会严重影响人的肾脏、肝脏、神经系统的功能，甚至增加患癌症的概率[6]。

参考文献

[1] 唐冬雁，董银卯．化妆品：原料类型·配方组成·制备工艺 [M]．北京：化学工业出版社，2011．

[2] 杨金田，谢德明．生活中的化学 [M]．北京：化学工业出版社，2009．

[3] 周为群，杨文．现代生活与化学 [M]．2 版．苏州：苏州大学出版社，2016．

[4] 韩玉芳．化妆·健康 [M]．北京：人民卫生出版社，2006．

[5] 封绍奎，赵小忠，蔡瑞康．化妆品的危害性与防治 [M]．北京：中国协和医科大学出版社，2003．

[6] 叶伟兰．浅谈化妆品对人体健康的危害 [J]．科技视界，2014，（3）：321-322．

 图片来源

章首页配图、图 8-8　https：//www.pexels.com

图 8-1、图 8-9~ 图 8-11　https：//pixabay.com

图 8-5、图 8-7　https：//www.freeimages.com

图 8-12　https：//www.hippopx.com

第三篇

能源与材料

9 能源界主角——煤

- 主角出场

- 身份之谜

- 如何利用

传统能源（常规能源）是指已大规模生产和广泛利用的能源，煤炭、石油、天然气等都属于一次性非再生的传统能源，它们是埋藏在地下的动植物经过千百万年才形成的。当燃烧这些燃料时，使用的是最初来自太阳的能量。下面一起了解一下能源界的主角——煤，请大家拭目以待！

能源一瞥

历史上的能源变革从人类学会钻木取火开始，从此人类告别愚昧，进入原始社会。

煤炭、石油伴随着柴薪燃料被取代，引发了蒸汽机的技术革新，拉开了工业革命的序幕。

现代物理学帮助人类开发利用核能，科技进步在核能利用中表现得淋漓尽致。

在能源变革初期，煤炭、石油等传统能源扮演着重要角色。

随着时代变革，一些新能源逐渐兴起，但传统能源一直是能源中不可或缺的顶梁柱。

当你忙碌一天，拖着疲惫的身体回到家，开启电热水器，洗个热水澡，一天的疲劳消失得无影无踪。打开燃气灶，烹制美味的晚餐。坐在沙发上，一边看电视，一边享受空调带来的清爽。这时，你是否意识到这些都是建立在对能源的利用之上？对于传统能源——煤，你又了解多少呢？大家都知道煤可以燃烧，那你知道在5000多年前它曾作为雕刻煤环、煤镯、煤项圈等装饰品的原料吗？煤究竟还有哪些用途？它的历史渊源又是怎样的呢？下面一起来了解一下吧！

9.1 主角出场

19世纪以后，随着蒸汽机的普遍使用，煤（煤炭）成为世界的主要能源。

咏煤炭

于谦

凿开混沌得乌金，
蓄藏阳和意最深。
爝火燃回春浩浩，
洪炉照破夜沉沉。
鼎彝元赖生成力，
铁石犹存死后心。
但愿苍生俱饱暖，
不辞辛苦出山林。

自20世纪中期以来，石油和天然气取代煤炭成为世界普遍使用的能源。然而，在20世纪70年代发生两次世界石油危机之后，煤炭又成为取代石油的重要能源，重居世界能源的主要地位。后来，国际能源界称煤为"通向世界未来的桥梁"[1]。

9.1.1 怎样形成

远古时代的植物遗体通过复杂的生物化学、物理化学和地球化学作用，在缺氧条件下转化为固体可燃物，从而形成了煤。

现代成煤理论认为成煤作用过程分为两个阶段：①泥炭化作用（腐泥化作用），即植物→泥炭（腐泥）；②煤化作用，包括成岩作用，即泥炭（腐泥）→褐煤，以及变质作用，即褐煤→烟煤、无烟煤，见图9-1。

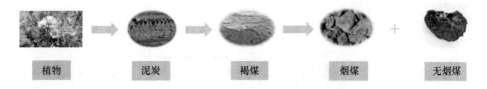

| 植物 | 泥炭 | 褐煤 | 烟煤 | 无烟煤 |

图 9-1　成煤作用过程

9.1.2　煤的家族成员

自然界中，腐殖煤分布最广、蕴藏量最大、用途也最广。近代的煤炭合理利用及其化学加工主要是建立在腐殖煤的基础上。根据煤化程度不同，煤又可分为泥炭、褐煤、烟煤及无烟煤。

1. 泥炭（泥煤）

积累的植物残体在细菌的作用下被分解，表面部分完全分解成 CO_2 和 H_2O，埋在下层的则在缺氧甚至是无氧的条件下变质慢慢形成黑色腐殖质，最后在无氧环境中脱水，并在分解产物的相互作用下形成腐殖酸，变成棕褐色的凝胶状物质。后来把这种物质称为泥炭（或泥煤），其形成过程如图 9-2 所示。

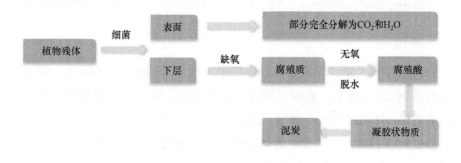

图 9-2　泥炭形成过程

2. 褐煤

随着地壳下沉，泥土、砂石堆积在泥炭之上形成一块顶板。在地热和顶板压力作用下，泥炭发生失水、硬结、紧缩等现象，使得泥炭中的腐殖酸、H 和 O 含量减少，C 含量增加，从而形成褐煤。多数褐煤具有褐色或暗褐色外观，

其形成过程如图9-3所示。

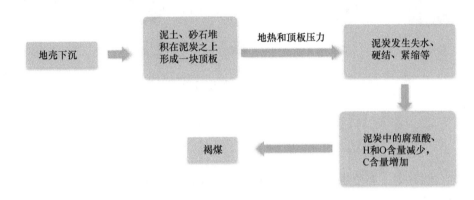

图 9-3　褐煤形成过程

褐煤和泥炭的区别在于褐煤根本不含未分解的植物组织残留物，并且不具有泥炭特有的无定形状态，两者的区分见表9-1。

表 9-1　泥炭与褐煤的区分

区分标志	泥炭	褐煤
原始水分	大于60%或75%	小于60%或75%
游离纤维素	存在	不存在
颜色、结构	黑色、褐色，疏松易切割	褐色；已经固结，较难切割

3. 烟煤

当褐煤继续沉降到较深处时，煤层上的压力可达到$10^5 \sim 10^6$kPa，而地热的温度可达到200℃左右。此时，褐煤中的腐殖酸、H和O含量继续减少，C含量继续增加，从而缓慢形成烟煤，如图9-4所示。烟煤外表呈黑色，硬度较大，相对密度较高，具有不同程度的条带状光泽，燃烧时烟多，不含腐殖酸，含有少量偏中性的沥青。褐煤与烟煤的区分见表9-2。

图 9-4　烟煤形成过程

表 9-2　褐煤与烟煤的区分

区分标志	褐煤	烟煤
光泽	暗淡，呈微光亮	光亮
条痕色	褐色，很少具黑色	黑色，很少具褐色
在沸腾 KOH 溶液中的颜色	褐色	无色
在稀 HNO_3 溶液中的颜色	红色	无色
腐殖酸	有	无
酸碱性	酸性	偏中性

4. 无烟煤

无烟煤是最古老的腐殖煤之一。无烟煤为灰黑色，具有金属光泽，燃烧时无烟，火焰短。各种腐殖煤的主要特征如表 9-3 所示。

表 9-3　各种腐殖煤的主要特征

特征	泥炭	褐煤	烟煤	无烟煤
颜色	棕褐色为主	褐色、黑褐色	黑色	灰黑色
光泽	无	大多数暗	有一条光泽	金属光泽
外部条带	有原始植物残体	不明显	呈条带状	无明显条带
燃烧现象	有烟	有烟	多烟	无烟
水分	多	较多	少	较少
相对密度	—	1.1~1.4	1.2~1.5	1.4~1.8
硬度	很低	低	较高	高

烟煤和无烟煤都属于老年煤，形成时间长，碳含量和发热量高；而褐煤和泥煤相对比较年轻，其碳含量和发热量也较低，它们的含碳量范围大致如表 9-4 所示。

表 9-4　煤的含碳量

煤	泥煤	褐煤	烟煤	无烟煤
含碳量 /%	约 50	50~70	70~85	85~95

9.2 身份之谜

煤中含有多种高分子有机物和混合矿物质，因此不是单一的分子结构。其结构的基本单元是各种芳香烃、杂环芳香稠合体系，以及各种含氧官能团和支链。

煤的种类不同，组成和煤质也不同。常用的煤质指标有水分、灰分、含硫量、挥发物和发热量等。为了便于折算单位质量的煤完全燃烧时所放出的能量，人为规定标准煤的发热量为29307.6kJ/kg。

煤是由大量的环状芳烃缩合交联在一起，并夹着含S和含N的杂环通过各种桥键相连。矿物质主要是石英、高岭石、黄铁矿和方解石等。煤的主要成分是C，还含有H、O、N及S、P等多种元素，故有"黑色金子"之称[2]。

 化学视界

煤中硫的存在状态分为有机硫和无机硫，有时也有微量单质硫。煤中各形态硫的总和称为全硫，根据《中国煤中硫分等级划分标准》，按煤炭中含硫量划分煤炭的质量：一般煤炭中的含硫量为0.1%~10%，上下相差100倍；其中含硫量≤0.5%的是特低硫煤，0.51%~1.0%的是低硫煤，1.0%~1.5%的是低中硫煤，1.51~2.0%的是中硫煤，2.01%~3.0%的是中高硫煤，3.0%以上的是高硫煤。

9.3 如何利用

煤被称为"工业粮食"，在我国的能源消费结构中位居榜首。目前，利用煤的主要方式是将煤炭作为一次性能源直接燃烧掉，世界上近一半的电能来自燃煤火力发电厂[3]。

> **史中有化**
>
> 在古代，煤被称为石涅、乌多石、黑丹等。汉代开始开采煤矿并以煤作燃料冶铁，至宋代我国用煤冶铁初具规模。元代意大利旅行家马可·波罗来到中国，看见中国用煤炭做燃料，感到非常惊讶。他在《马可·波罗游记》中写道："契丹全境之中有种黑石，采自山中，如同脉络，燃烧与薪无异；其火候且较薪为优，盖若夜间燃火，次晨不息。其质优良，致使全境不燃他物。所产木材固多，然不燃烧，盖石之火力足而其价亦贱于木也"。明代著名药物学家李时珍把煤作为一种药物写入了《本草纲目》，将其用于治疗疮疾等症，还提出了煤气中毒的急救方法。《天工开物》中对采煤有详细的文字记载："凡取煤经历久者，从土面能辨有无之色，然后掘挖，深至五丈许，方始得煤。初见煤端时，毒气灼人，有将巨竹凿去中节，尖锐其末，插入炭中，其毒烟从竹中透上"，较完整地介绍了古代采煤用煤工艺，还说明了排除瓦斯和防止塌陷的措施，并绘有挖煤图。

燃烧煤要特别注意两点：一是充分燃烧，避免产生 CO 导致煤气中毒，并释放出更多热量；二是设法除去燃煤产生的 SO_2 和 NO_2。煤燃烧会产生 SO_2、氮氧化物（NO_x）等，易造成酸雨，并且产生大量的 CO_2 引起温室效应，同时产生煤灰和煤渣等固体垃圾。另外，大规模开发和利用煤炭，会破坏土地，使矿井地面塌陷。

直接燃烧煤只利用了煤应有价值的一半，煤还可用于制造二次能源和化工原料等。因此，综合利用煤资源的办法也不断出现，如使煤转化成清洁的能源，提取并分离煤中所含宝贵的化工原料。根据煤的性质，如何有效利用煤资源已成为许多学者关注的一个热点[4]。目前，开发利用煤的方式主要有以下几种。

9.3.1　气化

人们希望通过气化将煤转变为清洁便捷的交通运输燃料。煤的气化是指煤在氧气不足的情况下部分氧化成可燃性气体的过程（图9-5），煤气化过程中的10个基本化学反应见表9-5。

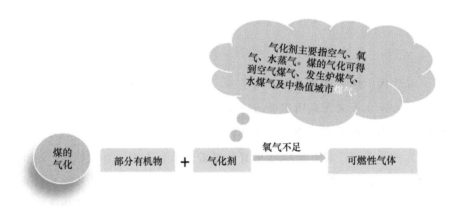

图 9-5　煤的气化

表 9-5　煤的气化过程涉及的基本化学反应

化学反应	$\triangle H/$（$kJ \cdot mol^{-1}$）	特征
① $C + O_2 \!=\!\!=\!\! CO_2$	−406	完全燃烧，放热
② $C + 1/2O_2 \!=\!\!=\!\! CO$	−123	不完全燃烧，放热
③ $C + CO_2 \!=\!\!=\!\! 2CO$	+160	还原反应，吸热
④ $C + H_2O \!=\!\!=\!\! CO + H_2$	+118	水煤气的生成
⑤ $C + 2H_2O \!=\!\!=\!\! CO_2 + 2H_2$	+76	生成水煤气的副反应
⑥ $CO + H_2O \!=\!\!=\!\! CO_2 + H_2$	−3	水煤气的变换，制 H_2
⑦ $C + 2H_2 \!=\!\!=\!\! CH_4$	−75	CH_4 的生成
⑧ $CO + 3H_2 \!=\!\!=\!\! CH_4 + H_2O$	−250	CH_4 的生成
⑨ $2CO + 2H_2 \!=\!\!=\!\! CH_4 + CO_2$	−247	CH_4 的生成

反应⑦是最理想的，反应④生成的水煤气虽然热值很高，但CO毒性大，H_2又易爆，不如CH_4安全。根据煤气的用途不同，工程师通过调整煤和空气、水的比例，改善气化炉的结构，控制反应温度和压力等条件，可以强化所需要的反应和抑制不需要的反应。用煤气进行燃料煤的气化具有以下优点：①生产合成化工产品的原料气、燃料气和城市煤气；②热能利用率高于直燃煤；③减少粉尘对环境的污染；④可以使含水量变大，更有效地应用发热量低的软褐煤及劣质煤。

煤与有限的空气和水蒸气反应，得到一种气态混合物，称为半煤气。

半煤气中含有大量的N_2并且热值较低（用于合成氨）。但如果在高温下将煤与水蒸气反应，如将少量水洒在赤热燃烧的煤层上，火焰会突然升起，呈蓝色。这是由于水与碳反应产生可燃的H_2和CO，这种混合气体称为水煤气（或称合成气）。水煤气的热量是半煤气的两倍，因为它不含N_2。

煤的气化可在煤的产地，甚至直接在地下进行。煤地下气化是指在地下将处于自然状态的煤通过有控制的燃烧就地转化为可燃性气体，然后送到地面经净化使用的一项新技术。该技术集建井、采煤和气化于一体，将传统的物理采煤法转化为化学采煤法。与井下开采相比，其优点突出，不需要建井，没有井下采煤作业的繁重劳动及各种危险性，可以避免井下温度过高、潮湿、无阳光等因素对工人健康的影响，具有更安全、高效、污染少、减少地面塌陷、有利于环保等特点[5]。

史中有化

1888年，俄国化学家门捷列夫首先提出将煤在地下气化的意见，就是将煤在地下进行不完全燃烧，产生一氧化碳等可燃性气体。门捷列夫写道："这样一个时代将要到来，那时煤将不需要开采，就在地下变成可燃性气体，并且沿着管道输送到很远的地方。"

碳一化学是指研究以含有一个碳原子的物质（CO、HCHO、CH_3OH、CH_4、CO_2）为原料合成工业产品的有机化学及工艺。依据催化剂和催化过程不同，所得的合成燃料和化工产品可以多样，因此碳一化学又称为创造未来的化学，开辟了能源和化工原料的新领域。

化学前沿

9.3.2 焦化（干馏）

煤在与空气隔绝的封闭焦炉中加热可以发生热分解，并且获得三种状态的产品。

气态　　煤气，主要成分是 H_2 和 CO。

液态　　煤焦油，主要成分是芳香族化合物。

固态　　焦炭，主要成分为碳（C）。

煤干馏产物可用于制造化肥、塑料、合成橡胶、合成纤维、炸药、医药、染料等，见图9-6。

图9-6　煤干馏产物的制品举例

煤热分解作用的变化见表9-6。

表 9-6 煤热分解作用的变化

温度	变化
100℃以上	蒸发所含的水分
200℃以上	放出水蒸气和二氧化碳
350℃以上	开始分解，释放出煤气和焦油，烟煤软化
400~450℃	大多数焦油被释放
450~550℃	继续分解，出现固体残留物
550℃以上	固体成为焦炭，此时只放出煤气
900℃以上	无煤气放出，只剩下焦炭

干馏可分高温干馏和低温干馏（图 9-7）。低温干馏是指将煤隔绝空气加热到最终温度 500~700℃使其热解的过程，所得焦炭的数量和质量较差，但焦油产率高，其中所含的轻油部分可以通过加氢反应制成汽油，因此在汽油不足的地方可以采用低温干馏。干馏加热到 1000℃左右称为高温干馏，产生的焦炭强度高，挥发性物质少，适用于钢铁冶炼行业。

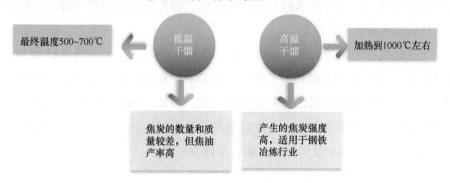

图 9-7 高温干馏和低温干馏

从炼焦炉出来的气体，温度至少在 500℃以上，含 CO、H_2、CH_4 和 C_2H_4、C_6H_6、NH_3 等。氨可加工成化肥，苯等芳烃化合物可冷凝成煤焦油，乙烯则是重要的化工原料。

煤干馏的产物如表 9-7 所示。

焦炭坚实多孔且具有金属光泽，通常呈银灰色，主要用途是炼铁，少量可用作化工原料制造电石、电极等。煤焦油是黑色的黏稠性油状液体，其中含有苯、酚、萘、蒽、菲等重要化工原料，是制造化肥、医药、农药、炸药、染料等的原料。

表 9-7 煤干馏的产物

产品		主要成分	用途
出炉煤气	焦炉气	氢气、甲烷、乙烯、一氧化碳	气体燃料、化工原料
	粗氨水	氨、铵盐	化肥、炸药、染料、医药、农药、合成材料
	粗苯	苯、甲苯、二甲苯	
煤焦油		苯、甲苯、二甲苯	
		酚类、萘	染料、医药、农药、合成材料
		沥青	筑路材料、制碳素电极
焦炭		碳	冶金、合成氨造气、电石、燃料

9.3.3 液化

煤直接燃烧会向环境中排放出许多有害气体,如硫氧化物(SO_x)、氮氧化物(NO_x),甚至有 Hg、Cd 等重金属产生。煤的液化可有效地获得清洁的液体燃料,由于石油和天然气的储量远低于煤炭储量,而水力资源、核资源等能源又无法取代当今社会对液体燃料的特殊需求,因此使用煤生产可替代石油的液体燃料的发展前景非常广阔。

煤液化也称为人造石油,在组成上,煤和石油的主要元素都是 C 和 H,不同之处在于煤中 H 的含量仅有石油的一半左右。在高温高压条件下,对煤进行深度加氢,使煤中的碳氢比降到接近天然气、石油。煤经过热解反应产生自由基碎片(带有一些不饱和键),然后加氢使化学键饱和而稳定,形成低相对分子质量的液体产物和少量的气态产物,如图 9-8 所示。

图 9-8 煤的液化

同时,煤中杂原子如 O、S 等与 H_2 反应生成 H_2O、H_2S 等被除去,进一步提高了液体燃料的质量。在煤的直接液化过程中,煤的大分子仅部分解聚和裂解,而基本结构单元大多数保存了下来。在元素组成上,H 含量升高,而 O、N、S 等元素含量降低。

煤也可以进行间接液化，即先把煤气化成合成气（CO 和 H$_2$），然后通过催化合成得到液体燃料，如图 9-9 所示。

图 9-9　煤的间接液化

尽管煤制石油已成为可能，但目前而言，大量石油仍然靠油田开采得到。

9.3.4　其他利用方式

1. 煤层气开发

煤层气通常称为煤矿瓦斯，主要由 CH$_4$ 组成，它易燃易爆，导致了许多矿毁人亡的悲剧。科学家发现这种可怕的气体具有宝贵的利用价值，1000m³ 煤层气的发热量就相当于 1.25t 石油的发热量，洁净无污染，无烟尘，堪称新世纪的绿色能源[6]。

2. 水煤浆技术

在我国以煤为主的能源结构不会大变和燃料油紧缺的情况下，水煤浆是一种新型的煤基液态燃料，不仅具有与燃料油类似的物理特性，而且具有比煤更多的燃料特性。水煤浆技术是通过一系列物理加工获得煤基液态燃料，如直接将煤粉、水和少量的化学试剂经混合搅拌就可得到，如图 9-10 所示。

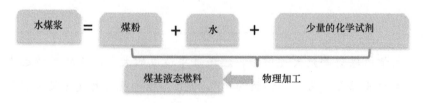

图 9-10　水煤浆技术

3. 煤基高分子材料的研制

就分子结构而言，煤是由苯环通过杂原子 N、S 等与 C 键合成的高分子。目前广泛使用的塑料、橡胶等也是高分子材料，并且在结构上具有一定相关性。

通过来源丰富的高分子煤对成本较高的塑料、橡胶等进行改性，能产生一定的经济效益。

4. 发展燃料电池

燃料电池可以直接将化学能转变为电能，不需要通过热机循环的中间环节，这不仅极大提高了能量的利用率，而且对环境造成的污染极小，其所用燃料气可通过煤的气化获得。

洁净煤技术是指从煤炭开发到利用的全过程中，旨在减少污染排放与提高利用效率的加工、燃烧、转化、及燃烧控制等新技术，包括直接燃煤洁净技术和煤转化为洁净燃料技术。

化学前沿

进入 21 世纪以来，即使煤炭的价值不如以往那么高，但是在目前和未来一段时间之内，煤仍将是人们生产生活中必不可缺的能量来源之一，煤炭的供应也将关系到我国的工业乃至社会各个方面发展的稳定，其供应安全问题也是我国能源安全中极其重要的一环，因此人们应该好好利用煤。

化学视界

大量燃煤会导致大气污染。燃煤每年造成的大气污染物排放已占我国最主要能源大气污染物排放的 70% 以上，其导致的大气污染将引起人体抵抗力下降和人群发病率升高。煤燃烧会产生大量 $PM_{2.5}$、PM_{10} 和有害气体，是形成雾霾的重要原因。并且，煤燃烧会生成大量二氧化硫、二氧化氮等酸性氧化物，这些物质溶于水后生成显酸性的物质，最终形成酸雨。另外，煤燃烧会放出大量的二氧化碳气体，二氧化碳进入大气后会引起温室效应。

化语悦谈

真是受益匪浅呢，虽然在现代生活中，越来越少的人会关注煤这种能源了，不过它还是在我们生产生活中扮演着重要的角色。你们知道它有什么用途吗？

我只知道可以用来做饭……

的确，这也算是它的一种用途。其实，煤炭的用途十分广泛，可以根据其使用目的总结为三大主要用途：动力煤、炼焦煤、煤化工用煤。

动力煤有什么用途？

动力煤主要包括发电用煤，我国约1/3以上的煤用来发电，电厂利用煤的热值，把热能转变为电能。还有蒸汽机车用煤、建材用煤、一般的工业锅炉用煤等，它们都属于动力煤。

那么炼焦煤、煤化工用煤又有什么用途呢？

炼焦煤的主要用途是炼焦炭。焦炭由炼焦煤或混合煤高温冶炼而成，一般1.3t左右的焦煤才能炼1t焦炭。焦炭多用于炼钢，是钢铁等行业的主要生产原料，被喻为钢铁工业的"基本食粮"。煤化工用煤就是指以煤为原料，经化学加工使煤转化为气体、液体和固体燃料以及化学品的过程，主要包括煤的气化、液化、干馏等。我们上面所说的煤的利用都是煤化学加工过程。

原来是这样，看来煤还是很重要的嘛，可不能小瞧它了。

参考文献

[1] 周志华，周琦峰. 生活·社会·化学 [M]. 南京：南京师范大学出版社，2000.

[2] 江家发. 现代生活化学 [M]. 合肥：安徽人民出版社，2006.

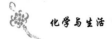
[4] 蔡炳新，王玉枝，汪秋安 . 化学与人类社会 [M]. 长沙：湖南大学出版社，2005.

[5] 涂长信 . 现代生活与化学 [M]. 济南：山东大学出版社，2006.

[6] 潘鸿章 . 化学与能源 [M]. 北京：北京师范大学出版社，2012.

 图片来源

章首页配图　https：//www.hippopx.com

图 9-1、图 9-6　https：//pixabay.com

10 石油、天然气能量大

○ "工业的血液"——石油

○ "气场"四通八达的"神气"
　　　　　　　——天然气

　　在现代社会中，石油扮演着不可或缺的角色，天上飞的、地上跑的，没有石油都转不动，它是现代文明的动脉，有人称它为"工业的血液"。石油工业是国家综合国力的重要组成部分，在国民经济中的地位和作用十分重要。天然气作为石油的"伴侣"，是世界公认的优质高效能源和可贵的化工原料，在汽车供电、生活用电、联合循环发电等诸多方面具有广阔的应用前景。下面一起去见识一下它们的魅力吧！

你知道大多数衣服和汽车轮胎原料都来源于石油化工产品吗？其实，人的一生中将穿掉大约 0.8t 的石油！还有生产生活中常见的合成洗涤剂、化肥都是与石油相关的产品。在现代社会中，人们也常常享受着天然气带来的益处，做饭、烧水、采暖……石油和天然气在人类生活中扮演着不可或缺的角色，它们有怎样的历史？又是怎样影响人们的生活呢？下面一起走近它们吧！

10.1 "工业的血液"——石油

石油有"工业的血液"之称，是国家现代化建设的战略物资。许多国际争端往往都与石油资源有关，而现代生活中的衣食住行都与石油产品有直接或间接的关系。

> 石油是不可再生资源，如今已成为全世界都渴求的能源。目前全球石油化工行业面临的最大挑战在于石油资源短缺、供需不平衡、生产成本提升等一系列问题。
>
> 化学视界

10.1.1 怎样形成

很多年前，微小海洋动物和浮游生物死去后沉积在海底，有的骨骼变成了化石，但由于海洋中有很多盐分，它们身上的脂肪和蛋白质不能马上被降解。由于海底的水压很大，长年累月动物和微生物的尸体逐渐被压缩。在强大的压力下，脂肪和蛋白质逐渐液化，变成了石油，存在于沉积岩中。

> 我找到过金子，也找到过白银……但这种难看玩意儿，我觉得会变成某种比真金白银还贵重的东西。
>
> ——爱德华·多希尼

10.1.2 由什么组成

石油组成非常复杂,主要成分是烷烃、环烷烃和芳烃。所含的基本元素是 C 和 H,主要组成元素见表 10-1。

表 10-1 石油的主要组成元素

元素	含量 /%
C	83~87
H	11~14
S	0.06~8.00
N	0.02~1.70
O	0.08~1.82
微量金属	Ni、V、Fe、Cu

石油的产地不同,成分也不同。人们一般把从地下直接开采出来的石油称为原油,原油经过生产加工而形成的化工产品称为成品油。成品油可分为石油燃料、石油溶剂、润滑剂、石蜡、石油沥青、石油焦 6 类。其中,石油燃料约占总产量的 90%,可细分为汽油、喷气燃料、煤油、柴油等[1]。

汽油　包括航空汽油、车用汽油和溶剂气油

喷气燃料　广泛用于各种喷气式飞机

煤油　用作煤油灯燃料和机械零件洗涤剂等

柴油　用作各种柴油发动机燃料

原油不但成分复杂,而且含有水和 $CaCl_2$、$MgCl_2$ 等。炼制原油时,含水多要浪费燃料,含盐多会腐蚀设备,因此原油必须先经过脱水、脱盐等处理过程才能进行炼制。

化学视界

图 10-1　石油钻机钻井

10.1.3　怎样采集

　　埋藏在地下的石油不是以油的湖泊或充满洞穴的油体存在，而是油、水及天然气组成的类似糖浆的黏稠液体，储存于沙石的缝隙和毛细孔中，与水渗入浮石中类似。当石油钻机（图 10-1）钻井到油层时，油层内部的压力将油液（包括泥沙和岩石碎片）驱向油井，油液自喷到地面（图 10-2）。该过程往往会持续几年，直到压力消耗殆尽。该阶段得到的油通常称为一次采油，采出率通常达 10%~15%。

图 10-2　采集过程

　　经过自喷的阶段后，为了帮助部分剩余石油透过岩石孔隙渗出到油井中，要将水和天然气注入地下，将油挤出油井，该阶段称为二次采油（图 10-3）。依靠该方式能够使油的采出率达到 20%~40%。

图 10-3　二次采油

石油的勘探

　　对石油进行采集前首先要找到石油，科学家在地球表面探寻线索，从而寻找石油，称为石油的勘探。就像水进入海绵一样，石油浸入多孔的岩石时，石油向着地表上升，但是通常到达非多孔岩石层之前就停止了。

反射法勘探

　　若某个区域看起来有石油，科学家能通过反射法勘探发现地下岩石结构。在地表引发小爆破发出冲击波，并通过传感器接收每个岩层射弹回来的波。用计算机辅助分析这些回声，然后画出地表下岩石的图形。若岩层与画出的图形相似，就可能有石油。但直到实际钻探，科学家也不能完全确定是否有石油。如果发现含有石油的岩石，就要钻更多的井，这可以帮助石油公司判断是否值得开采，具体过程如图 10-4 所示。在此阶段做出错误的决定会付出巨大的代价。

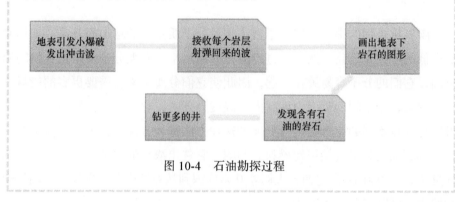

图 10-4　石油勘探过程

如今，石油开采从一开始就逐步采用先进技术，使一次采油与二次采油的界限变得模糊。要采得更多石油，就需要加热油层和使用化学试剂，降低石油的黏度和阻力。常用的化学试剂是表面活性剂，因为它可以包住油形成小油滴，用这种化学方法的采出率可达 60%，称为三次采油（图 10-5）。

图 10-5　三次采油

10.1.4　如何炼制

到达精炼厂的石油是漆黑发臭的液体，其所含化合物种类繁多，须经过多步炼制（表 10-2）才能使用。主要过程有：分馏、裂化、催化重整、加氢精制。

表 10-2　石油的炼制

炼制方法	原理及意义
分馏	根据各物质的沸点不同而进行分离的方法
裂化	含碳原子数多的碳氢化合物裂解成相对分子质量较小的烃类化合物
催化重整	一定温度下，汽油分子中的直链烃在催化剂表面进行"结构重整"，转化成带有支链的烷烃异构体，其目的是提高汽油的辛烷值，还可得到一部分芳香烃
加氢精制	一定温度和压力下，将杂环化合物加氢，使其生成 H_2S、NH_3 而分离的过程

1. 分馏

碳氢化合物的沸点随碳原子数（相对分子质量）的增加而升高。加热时，沸点低的烃类先汽化，然后经过冷凝先分离出来。而大分子碳氢化合物的沸点更高，它们的分子容易缠在一起，因此使它们分离出来就需要更多的能量，即分子越大，分子间的吸引力就越大。温度升高时，它们再汽化然后冷凝，据此可以把沸点不同的化合物进行分离，这种方法称为分馏。我国和其他文明古国在发现石油后只是直接用作燃料和照明，它冒出浓重的黑烟，还产生强烈刺鼻的臭味。大约到 19 世纪初，人们才开始认识到从石油中蒸馏出煤油，用作燃料和照明，可以减少黑烟和臭味。

在实验室是依次蒸馏出每一种馏分，而在工业中是将所有馏分一起煮沸。工业分馏需要在一个高大的分馏塔（图 10-6）中进行。分馏塔中有精心设计的层层塔板，塔板间有一定的温差，塔底温度很高，塔顶温度较低[2]。

图 10-6　分馏塔

高沸点的相对分子质量较大的碳氢化合物在分馏塔底部附近变回液体，此时相对分子质量较小的碳氢化合物仍然以气体形式存在，并沿分馏柱上升，不同的馏分在不同塔层冷凝下来，以此得到不同的馏分。

一种馏分就是一组具有相似沸点的碳氢化合物，分馏首先在常压下进行，从而获得低沸点的馏分，然后在减压条件下获得高沸点的馏分。每个馏分中含有多种化合物，可以进一步分馏。

在 30~40℃沸点范围内可以收集到 C_5~C_6 馏分，这是工业常用溶剂，该馏分的产品称为溶剂油。在 40~180℃沸点范围内可以收集到 C_6~C_{10} 馏分，这是汽油馏分，按各级烃的组成不同又可分为车用汽油、航空汽油、溶剂汽油等。

化学视界

汽油性能的表征——辛烷值

辛烷值是单缸汽油发动机汽油抗震性能的间接量度，将抗震性最差的正庚烷的辛烷值定为零，而抗震性较好的异辛烷（2，2，4-三甲基戊烷，图 10-7）的辛烷值定为 100。将汽油的抗震性与这两种烃的不同比例的混合物比较，就可以得到该汽油的相对辛烷值。例如，一种汽油的辛烷值为 75，说明它的抗震性与 75% 异辛烷和 25% 正庚烷混合物的抗震性相同。商品汽油的牌号往往是以

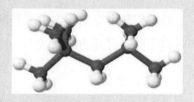

图 10-7 异辛烷

辛烷值表示的，如 97 号汽油的辛烷值为 97。如今，加到汽车油箱中的燃油是包含了数百种不同化学物质的混合物，其中包括一系列碳氢化合物，以及抗爆剂、防锈剂、防冻液等添加剂。

2. 裂化

石油公司发现石油分馏后得到太多的大分子碳氢化合物，他们不需要如此多的大分子馏分，而对小分子碳氢化合物（如汽油）又有很大的需求。因此，科学家研究了一种将用途较少的大分子碳氢化合物转变成更有用的小分子化合物的方法，此反应称为裂化。裂化就是在高温、无氧的条件下使大分子碳氢化

合物分解为小分子的化学加工。该过程是将大分子碳氢化合物的蒸气通过热的催化剂，或者将它们在高温下与水蒸气混合。而催化裂化是指有催化剂存在的裂化反应（图 10-8），如 C_4H_{10} 进行裂化反应（图 10-9）。

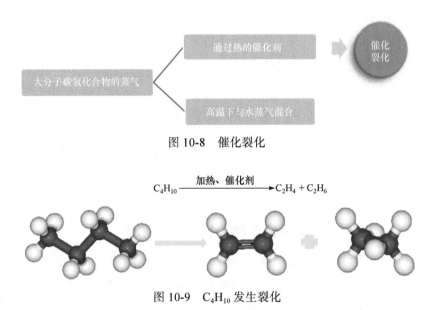

图 10-8　催化裂化

$$C_4H_{10} \xrightarrow{\text{加热、催化剂}} C_2H_4 + C_2H_6$$

图 10-9　C_4H_{10} 发生裂化

石油裂化发生的反应主要是断链反应，有 C—C 键断裂、C—H 键断裂。生产过程不同，得到的产品就不一样，裂化反应需要的温度也不同。

3. 催化重整

催化重整（图 10-10）是指在一定温度和压力条件下，汽油中的直链烃在催化剂表面上进行结构的"重新调整"，转化为带支链的烷烃异构体，这样就能够有效地提高汽油的辛烷值，还可得到部分芳香烃（图 10-11）。芳香烃是重要的化工原料，在原油中含量很少，而只靠从煤焦油中提取不能满足生产需要。

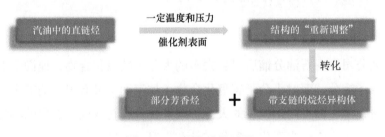

图 10-10　催化重整过程

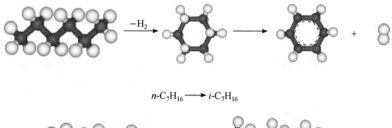

$$n\text{-}C_7H_{16} \longrightarrow i\text{-}C_7H_{16}$$

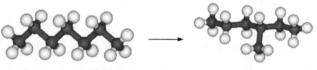

图 10-11　催化重整过程举例示意图

现在使用的催化剂是贵金属铂（Pt）、铱（Ir）和铼（Re）等，它们的价格比黄金贵得多。化学家巧妙地选用便宜的多孔性 Al_2O_3 或 SiO_2 为载体，在其表面浸渍包覆0.1%的贵金属，汽油在催化剂表面只要20~30s就能完成重整反应。

4.加氢精制

蒸馏和裂解后所得的汽油、煤油、柴油中都混有少量含 N 或含 S 的杂环化合物，在燃烧过程中会生成 NO_x 及 SO_2 等酸性氧化物，从而污染空气。可以使用催化剂，在一定温度和压力下使 H_2 与这些杂环化合物反应生成 NH_3 或 H_2S 而分离，留在油品中的只是碳氢化合物，该过程称为加氢精制（图10-12）。

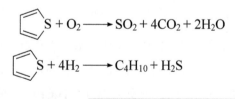

以重油为原料，在加压下催化加氢裂化，使重油转化为轻质油品

以提高油品质量为目的，或者进一步为催化加工提供合格原料

图 10-12　加氢精制

石油效用发现史

第一次：从石油中提取煤油用于照明是第一次发现石油的效用。这时汽油却没有得到充分的利用，因为它的着火点低，又容易挥发，不仅遇火就着，而且是烧成一片，甚至会发生爆炸。因此，当时人们把它视为危险的废料，不知道如何处理。

第二次：19世纪末，内燃机（图10-13）和汽车相继问世[3]。内燃机和蒸汽机不同，蒸汽机是用燃料烧开锅炉里的水，产生蒸汽，再把蒸汽引入汽缸中，推动活塞工作；内燃机是将燃料引入汽缸中燃烧，用燃烧产生的气体推动活塞工作。内燃机需要易燃的液体作燃料，汽油正好符合要求。当内燃机安装在车上成为汽车后，汽车得到了迅猛发展（图10-14）。接着飞机（图10-15）、汽艇等相继出现，汽油变废为宝了[3]，这是第二次发现石油的效用。

图10-13　内燃机　　　　图10-14　汽车　　　　图10-15　飞机

第三次：从裂解、裂化得到的副产气体主要有乙烯（C_2H_4）、丙烯（C_3H_6）、甲烷（CH_4）、乙烷（C_2H_6）、丙烷（C_3H_8）等。它们可用来制造聚乙烯（C_2H_4）$_n$、聚氯乙烯（C_2H_3Cl）$_n$、聚丙烯（C_3H_6）$_n$等塑料和人造纤维、人造橡胶、洗衣粉、农药等，成为重要的化工原料。这是第三次发现石油的效用。

可以说如果没有石油化工，就没有现代化的生活。人们穿着的衣服大多是合成纤维，家用电器（图10-16）的外壳是塑料制品，汽车轮胎（图10-17）

是橡胶制品等，而生产这些产品的原料大部分是石油化工产品——烯烃、芳香烃等。

图 10-16 家用电器

图 10-17 轮胎

除石油外，还有一种"神气"，在人们的日常生活中扮演着不可或缺的角色[3]。

10.2 "气场"四通八达的"神气"——天然气

天然气不是泛指自然界一切天然存在的气体，而是蕴藏于地下的有机物质生成的可燃性气体。作为化石燃料，

<blockquote>天然气就是指一切天然存在的气体吗？</blockquote>

天然气对环境的污染最小，是一种优质的洁净能源，其热值很高，管道输送也很方便。作为家庭燃料，天然气比人工煤气更安全。天然气的存在形式有以下四种：

纯天然气 ＞ 油层气 ＞ 煤层气（瓦斯）＞ 天然气水合物（可燃冰）

目前天然气水合物的开采正在研究探索，而煤层气的数量较少，比较分散，因此通常所指的天然气储量不包括这两种。

我们是孪生兄弟

我是石油，它是天然气

10.2.1　怎样形成

石油和天然气是一对"孪生兄弟"。古代动植物死后被泥沙遮盖，逐渐形成有机淤泥，在地下高压、高温条件和某些无氧细菌的作用下，逐渐形成石油和天然气（图 10-18）。

图 10-18　石油和天然气的形成

图 10-19　地下气、水、油的分布

在地下，油、气、水通常是伴生的。由于油比气重，水又比油重，它们在油气藏中的分布造成特殊的情况：也就是气在最上部分，水在最下部分，石油在中间。天然气在构造的最高部位，因此称为"气帽"或"气顶"（图 10-19）。若钻井正好处在"气帽"的上缘，由于地壳的压力，天然气就会从井中自动喷出来。

10.2.2　如何开采

科学家认为天然气的形成大多数与生物有关。在地质历史上，海洋中生存着大量的生物，它们在生长过程中能够形成钙质骨骼。在水深、温度、光照和海水含盐度适宜的条件下，这些生物一代又一代地进行繁殖，形成了坚固的抗浪结构，这就是生物礁（图 10-20）。

图 10-20　生物礁的形成

钙藻类、海绵、水螅、苔藓虫、层孔虫等都曾是地质历史中的造礁生物，现代海洋中的礁就是由珊瑚虫和藻类共同形成的。许多地质历史中形成的礁体巨大，它们死后被沉积物覆盖并埋藏在地层深部，经过漫长的地质作用，逐渐成为天然气形成的物质基础（图 10-21）。

图 10-21 礁体的演变

科学家通过对地质历史时期生物礁的研究，发现礁体的生物骨骼遗骸中有成千上万的孔洞和空隙，具有较理想的孔隙度和渗透率，为天然气的形成和储集提供了便利的条件。

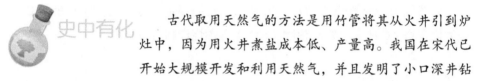

史中有化

古代取用天然气的方法是用竹管将其从火井引到炉灶中，因为用火井煮盐成本低、产量高。我国在宋代已开始大规模开发和利用天然气，并且发明了小口深井钻凿法，钻出了数十丈的小口筒井。明代宋应星所著《天工开物》（图 10-22）中绘制了插图，清楚地表现出卤井、曲竹等结构，并生动地记录了用天然气煮盐的生产情景。我国是世界上第一个开采和利用天然气的国家，天然气开采技术也较先进，如小口深井钻凿法、套管固井法、试气量法、裂缝气田钻凿法等均是我国首创，而欧洲最早利用天然气比我国晚了 1000 多年[4]。

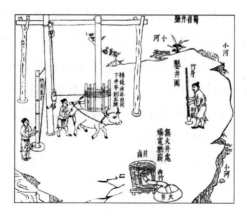

图 10-22 《天工开物》中蜀省井盐图

10.2.3　化学组成

天然气的主要成分是甲烷，还含有少量的乙烷、丙烷、丁烷、戊烷，以及微量的高碳化合物和非烃类气体。天然气分为湿气（富气）和干气（贫气）两种。

湿气　每立方米天然气中含丁烷以上液态烃高于100g时称为湿气。湿气除含有较多甲烷、乙烷外，还含有少量易挥发的液态烃（如戊烷、庚烷、辛烷等）的蒸气，还可能有少量芳香烃及环烷烃。

干气　每立方米天然气中含丁烷以上液态烃低于100g时称为干气。干气含有大量甲烷和少量乙烷、丙烷等气体。

天然气的主要燃烧产物是 CO_2 和水，它们都是无毒物质，而其余的 CO、烃类化合物（C_xH_y）、氮氧化物（NO_x）等燃烧产物含量极少。

10.2.4　有哪些种类

油田气　以来源划分，天然气可分为油田气、沼气、煤层气和泥火山气等。油田气是油田（图 10-23）顶部（气顶）的气和气田的气，同石油和沥青等有共生关系，有时溶解在石油内成为溶解气，并随着石油的流出而逸出。油田气中甲烷最多，也含乙烷、丙烷、丁烷、戊烷及 CO、CO_2、N_2、He、H_2 等[5]。

沼气　沼气是有机物（动植物）腐烂后生成的天然气，在池沼（图 10-24）底部淤泥积聚处冒出的气泡就是沼气。沼气在现代沉积层中分布极广，主要成分是甲烷、少量乙烷，还含有 N_2、H_2、CO_2 等气体[3]。

泥火山气　泥火山气（图 10-25）是油田遭受破坏或火山活动所致，气和水、泥、岩石同时喷出，主要成分为甲烷[6]。

煤层气　煤层气主要是储存在煤层中的烃类气体，它是同煤炭伴生而遗留下来的，主要成分是甲烷，当混进空气并且达到一定比例时，遇明火往往会发生爆炸，俗称瓦斯爆炸。因此，采煤时必须注意应用安全灯照明。

图 10-23 油田

图 10-24 池沼

图 10-25 泥火山气

 化学视界

瓦斯爆炸

煤矿中瓦斯的主要成分是甲烷，与天然气的主要成分相同。甲烷的爆炸极限为 5%~15%（体积分数），也就是当空气中甲烷含量高于 5%、低于 15% 时，遇到火种就会引发爆炸。矿井瓦斯爆炸是热链式反应（也称连锁反应，图 10-26）。当爆炸混合物吸收一定能量（通常是引火源给予的热能）后，反应分子链立即断裂，解离成两个或两个以上自由基，这类自由基具有很高的化学活性，成为反应连续进行的活化中心。在适合的条件下，每个自由基又可进一步分解，再产生两个或两个以上自由基。因此，瓦斯爆炸就其本质来说，是一定浓度的甲烷和空气中的氧气在一定温度下发生的剧烈氧化反应（图 10-27）。

$$CH_4 + 2O_2 \xrightarrow{\text{点燃}} CO_2 + 2H_2O$$

图 10-26 甲烷剧烈氧化

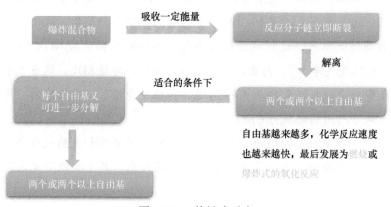
图 10-27 热链式反应

瓦斯爆炸产生的高温、高压促使爆炸源附近的气体以极大的速度向外冲击，造成人员伤亡，破坏巷道和器材设施，扬起大量煤尘并使其参与爆炸，产生更大的破坏力。另外，爆炸后还会生成大量的有害气体，造成人员中毒死亡。因此，煤矿必须有良好的通风设备，必须安装甲烷浓度检测器（图10-28），一旦甲烷含量超标达到爆炸极限，就立即发出警报。此外，煤矿中必须杜绝各种火源[7]。

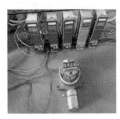

图 10-28　甲烷检测系统实验平台的搭建

化学视界

液化天然气（liquefied natural gas, LNG）是天然气在大气压下冷却至约 $-162℃$ 的液态产品，无色无味，无毒且无腐蚀性。其体积约为同质量气态天然气的 1/625，其质量仅为同体积水的 45% 左右，热值为 $1.05×10^9 J/t$。将液化天然气从液化厂运往接收站的专用船舶称为 LNG 船（图 10-29），它的储罐是独立于船体的特殊构造。LNG 船的使用寿命一般为 35~40 年[8]。

图 10-29　LNG 船

压缩天然气（compressed natural gas，CNG）是指天然气经过调压计量、脱硫、脱水、加压、储存、充装等环节，最后输出高压（压力大于 20MPa）并储存在容器中的气态产品（图 10-30），它可作为车辆燃料使用。液化天然气可以用来制作压缩天然气，这种以压缩天然气为燃料的车辆称为 NGV（natural gas vehicle，天然气汽车）[9]。与生产液化天然气的传统方法相比，这套工艺要求的精密设备费用更低，只需要约 15% 的运作和维护费用。以前北京的"绿皮"公交车，大部分所用的燃料为 CNG。

液化石油气（liquefied petroleum gas，LPG）是石油和天然气在适当的压力条件下形成的混合物，并以常温下液态的方式存在。其主要组分是丙烷，在适当的压力下以液态储存在储罐容器中（图10-31），常用作炊事燃料[10]。用户在室温时打开阀门，其中的杂质沸点较高，在室温下不能气化，以液态沉积在钢瓶中。

图 10-30　压缩天然气罐

图 10-31　液化石油气

10.2.5　如何加工

天然气加工是指以天然气为原料生产化学产品的工业，是燃料化工的组成部分。天然气与石油同属埋藏地下的烃类资源，有时为共生矿藏，其加工工艺及产品有密切关系，因此也可以将天然气化工归属于石油化工。天然气加工过程可分为净化分离和化学加工。

1. 净化分离

从地下采出的天然气，在气井现场经过脱水、脱沙与分离凝析（图10-32）后，根据气体组成情况进一步净化分离加工。凝析油是地层中处于高压、高温条件下的气藏开采到地面时，由于压力和温度降低凝析出的液体产物。

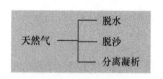
图 10-32　天然气净化分离

2. 化学加工

化学加工是指在高温下进行的天然气热裂解，即天然气中低碳烷烃在高温下吸收大量热能分解为低碳不饱和烃和氢，甚至完全分解为元素 C 和 H 的裂解过程（图10-33）。

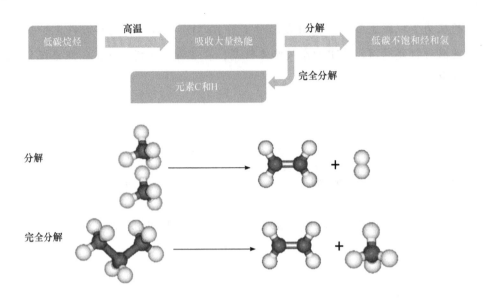

图 10-33　天然气热裂解示意图

天然气裂解过程比较复杂，主要反应有：

$$2CH_4 \longrightarrow C_2H_4 + 2H_2 \qquad C_2H_6 \longrightarrow C_2H_4 + H_2 \qquad C_3H_8 \longrightarrow C_3H_4 + 2H_2$$

$$C_3H_8 \longrightarrow C_2H_4 + CH_4 \qquad 2CH_4 \longrightarrow C_2H_2 + 3H_2 \qquad C_2H_2 \longrightarrow 2C + H_2$$

天然气裂解的主要产物为 C_2H_2 和炭黑。天然气经水蒸气转化或部分氧化可制得合成气（以 H_2、CO 为主要组分供化学合成用的一种原料气）。天然气水蒸气转化的主要反应为

$$CH_4 + H_2O \longrightarrow CO + 3H_2$$

这个反应是较强的吸热反应。此外，还有下列反应发生：

$$C_nH_{2n+2} + (n-1)H_2 \longrightarrow nCH_4 \qquad CO + H_2O \longrightarrow CO_2 + H_2$$

化学视界　◆ **天然气的使用常识** ◆

（1）已通天然气的房间，不得再使用其他燃料，如罐装液化气、煤等。

（2）天然气橡胶管长度不应超过 2m，其橡胶管不可以穿墙越室，并且要求定期检查、定期更换，如发现橡胶管老化、龟裂、曲折或损坏需要及时更换。严禁使用过期橡胶管。

（3）使用天然气做饭、烧水时，厨房内须随时有专人照料，避免汤水溢出熄灭炉火，导致天然气泄漏。

（4）应进行日常检漏。常用方法是用毛刷蘸肥皂水涂抹在燃气管各接口处，如有气泡出现，说明该处漏气，切不可用明火检查。

（5）为了及时发现燃气的泄漏，建议安装家庭用可燃气体泄漏报警切断装置；另备一个灭火器以防发生火灾。高层住宅应按要求加装家庭用可燃气体泄漏报警切断装置。

总之，人们在生活中享受天然气带来的便利的同时，也要注意它带来的一些安全隐患，不能掉以轻心。天然气作为一种洁净环保的优质能源，极大地改善了人们的家居环境，提高了人们的生活质量，不仅现在使用越来越广泛，以后天然气的使用还将持续较长时间。

石油、天然气在人们的生产生活中都有着重要的地位和作用。如果没有石油化工，没有天然气，也就没有如今现代化的生活和便利的生活条件。但是它们并不是取之不尽、用之不竭的。就我国而言，虽然化石能源储量总量较大，但人均能源拥有量却远远低于世界平均水平。石油和天然气人均剩余可采储量分别只有世界平均水平的 7.69% 和 7.05%。因此，人们必须合理地利用它们。

化语悦谈

真是没想到，原来我们穿的衣服大多数都是出自石油化工的产品。

对啊，石油的用途真是多着呢！还有天然气也给人们生活提供了很多的便利。可是它们并不是取之不尽的啊！一旦用之过度，可能就会出现能源危机了。

能源危机？

嗯，能源危机主要是石油能源危机，具体来说就是燃料油品危机。车辆、轮船、飞机没有油，导致交通瘫痪；锅炉、加热炉没有油，导致工厂停工。燃料油品对大多数人来讲是不可缺少的。石油不仅是一种人们日常生活中普通的商品，而且是一种极其重要的战略资源。因此，石油不仅关系到人们的正常生活，也关系到一个国家的经济发展与社会稳定。

原来是这样啊，看来我们还是得好好珍惜能源，真的是很宝贵。要是我的家里没有了天然气，那肯定不方便。

所以，以后我们都要有节能的意识，做一个节能的好公民。

 参考文献

[1] 张月宁. 我国成品油市场现状及问题分析 [D]. 北京：中央民族大学，2016.

[2] 钟平，余小春. 化学与人类 [M]. 杭州：浙江大学出版社，2005.

[3] 潘鸿章. 化学与能源 [M]. 北京：北京师范大学出版社，2012.

[4] 周志华，周琦峰. 生活·社会·化学 [M]. 南京：南京师范大学出版社，2000.

[5] 柳一鸣. 化学与人类生活 [M]. 北京：化学工业出版社，2011.

[6] 魏荣宝. 化学与生活 [M]. 北京：国防工业出版社，2011.

[7] 徐振炜. 煤矿瓦斯爆炸事故原因分析及安全防范措施研究 [J]. 自动化应用，2023，64（S1）：177-179.

[8] 孔德晨. 中国 LNG 船"航"出加速度 [N]. 人民日报海外版，2023-02-09(004).

[9] 天工. 天然气汽车破局：技术升级是关键 [J]. 天然气工业，2018，38（6）：26.

[10] 侯庆贺，杨靖华. 液化石油气资源及其综合利用 [J]. 当代化工，2010，39（3）：287-289.

图片来源

章首页配图、图 10-6、图 10-13、图 10-16　https：//www.hippopx.com

图 10-1、图 10-23、图 10-29　https：//pixabay.com

图 10-13~图 10-15、图 10-17　https：//www.freeimages.com

图 10-22　宋应星 . 天工开物 [M]. 北京：中华书局，2021.

图 10-25　https：//www.freepik.com

图 10-28　陶敏 . 基于 NDIR 原理的甲烷气体检测系统的研究与设计 [D]. 武汉：武汉理工大学，
　　2017.

图 10-30　王策 . 拉伸液压机动力学建模与控制系统设计 [D]. 秦皇岛：燕山大学，2015.

图 10-31　王勇 . 河北百工液化石油气钢瓶出口营销策略研究 [D]. 西安：西安理工大学，
　　2008.

○ 能源界未来的"宠儿"
　　　　　　——氢能

○ 爆发"超"能量的核能

　　随着能源危机的日益加剧，为了人类正常的生存活动，加快研制新能源已迫在眉睫[1]。目前，煤炭、石油和天然气是世界上普遍使用的能源，属于地球上不可再生的、储量有限的化石能源。随着化石燃料的消耗剧增，其储量日益减少[2]，总有一天将消耗殆尽。这就要求人类寻找和开发不依赖于传统化石能源的新能源。氢能和核能正是人们在常规化石能源危机出现和发展新的二次能源时所期望的[2]。认识氢能和核能对人类今后进一步利用新能源具有重要意义。

为了缓解能源短缺和环境污染的双重问题[3]，人们将重点开发氢能新能源，氢能有望成为 21 世纪的终极能源。目前，氢能的应用主要包括氢燃料和氢电池（如镍氢电池、氢燃料电池等）、氢能源汽车或公交车等。在不久的将来，氢能还会进入人类生活的各个领域。为什么氢能被称为 21 世纪的终极能源？它有什么特点？目前还需要解决哪些疑难问题？如何对氢能进行综合利用，实现氢能利用最大化？下面一起静心凝神，开启认识氢能之旅。

11.1 能源界未来的"宠儿"——氢能

氢是宇宙中含量最丰富的元素，在化学元素周期表中排行第一。地球上的氢元素主要存在于水和烃中。1780 年，法国化学家布拉克把氢气注入猪的膀胱[4]，使世界上第一个氢气球在高空飞行，这是氢最初的用武之地。人们一开始只是利用氢气比空气轻的特点，法国人最初就是乘坐氢气球飞上蓝天的；1901 年巴西人制造了使用氢气的飞艇。后来，因发生了氢气飞艇爆炸事故，氢气飞艇才逐渐退出了历史舞台，改用氦气填充新式飞艇。

史中有化 法国的罗伯特兄弟最先乘坐充满氢气的气球飞上天空。氢气球见图 11-1。1900 年左右飞艇和气象气球先后出现，1900 年德国人冯·齐柏林伯爵制造了第一架硬式飞艇——齐柏林飞艇。硬式飞艇是指用内部骨架来维持其外形和刚性的飞艇，其内部充上氢气就可升空。

20 世纪，全世界面临严重能源危机。在寻找其他替代能源的过程中，燃烧值巨大的氢气成为首选能源。科学家发现，氢气的质量能量密度高达 120MJ/kg，其燃烧热值约为汽油的 3 倍[5]、乙

图 11-1 氢气球

醇的 3.9 倍、焦炭的 4.5 倍。氢作为新能源由此开始重生。1957 年，世界上第一颗人造地球卫星就是利用氢氧火箭送入太空的。1969 年，阿波罗号飞船以液氢燃料为动力，实现了人类首次登月的伟大壮举。

11.1.1　氢的特点

氢具有以下特点：

（1）所有元素中，氢的质量最轻。

（2）所有气体中，氢气的导热性最好[2]。

（3）氢是自然界中最常见的元素，主要以化合物形式存储在水中。水在地球上储量丰富，氢气燃烧又产生水，形成物质循环且可持续发展。如果海水中所有的氢都被提取出来，它所产生的总热量是地球上所有化石燃料的 9000 倍[2]。

（4）除核燃料外，在所有化石燃料、化学燃料和生物燃料中，氢的热值最高[6]。

$$2H_2(g) + O_2(g) \Longrightarrow 2H_2O(g) + 483.6kJ/mol$$

（5）燃烧性能好，与空气混合时燃烧范围宽、着火点高、燃烧速度快[6]，火焰温度高达 2500℃，可用于切割、焊接钢铁材料。

（6）燃烧时最清洁，除生成水和少量氮化氢外，不生成 CO、CO_2、碳氢化合物等污染物质和温室气体，少量氮化氢经过适当的处理也不会污染环境[6]。

（7）氢气可用于多种方式产生热能，可作为燃料电池的能源材料，固态氢可用作结构材料。

（8）有气、液、固三种金属氢化物形式，能适应储运及各种环境的不同要求[5]。

11.1.2　氢的制备

目前，制备氢气的主要方法有太阳能制氢、生物制氢、核能制氢。研究制备氢气的新技术需要以水为主要原料。地球表面的 70% 都被水覆盖，通常制氢的途径就是用丰富的水制氢。

1. 热解水制氢

该方法要求将水加热到 3000℃以上，此时部分水蒸气可热解为氢气和氧气：

$$2H_2O（g）\xlongequal{3000℃}2H_2（g）+O_2（g）$$，但获得高温和高压较为困难。最有希望的方式是充分利用太阳能聚焦和核能。

2. 电解水制氢

一般电解水用 15% KOH 水溶液作电解质，电极反应如下：

阴极：　　$2K^+ + 2H_2O + 2e^- \xlongequal{} 2KOH + H_2$

阳极：　　　　　$2OH^- - 2e^- \xlongequal{} H_2O + \dfrac{1}{2}O_2$

3. 光解水制氢

利用太阳能制氢，主要包括光解水制氢 $2H_2O（g）\xlongequal{太阳能}2H_2（g）+O_2（g）$ 和还原氧化物制氢 $2H_2O（g）\xlongequal{TiO_2}2H_2（g）+O_2（g）$。由于水对可见光和紫外光是透明的，不能直接吸收太阳光，水分子中氢和氧原子结合的化学键相当稳定[7]。因此，必须利用光催化材料吸收太阳能，并将其有效地转移到水分子中进行光解。

4. 生物制氢

氢气是微生物利用太阳能进行有机物发酵、降解和光解水的重要中间体和主要产物。因此，微生物产氢是自然界中普遍存在的现象。自然界中可利用的制氢微生物主要有绿藻、蓝藻、光合细菌和暗发酵细菌等。

11.1.3 氢的用途

1. 氢燃料

氢气是火箭最常用的燃料。减少燃料自重和增加有效载荷对航天飞机来说更为重要。氢的能量密度高，是普通汽油的三倍，这意味着燃料的自重可减少近三分之二[8]。固态氢气可用作航天器的结构材料和动力燃料。在飞行过程中，航天器上的所有非重要部件都可以转化为能量并被消耗。

2. 氢氧燃料电池

氢氧燃料电池利用氢气和氧气（或空气）通过电化学反应直接发电。其特点是：①无污染；②无噪声；③启动快；④热效率高；⑤体积小；⑥质量轻；⑦成本低。

在汽车上安装氢氧燃料电池，同时携带氢气和氧气，使它们在电池中转化为水，并产生电能开动汽车。氢氧燃料电池构造示意图见图11-2。

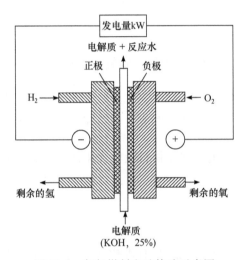

图 11-2　氢氧燃料电池构造示意图

3. 化工生产原料

例如，氢气是提炼石油和其他化石燃料所必需的。化工生产氨和甲醇也需要氢气。

4. 其他用途

利用氢能的途径还有很多，如储运氢气、氢能空调、氢能冰箱等。

11.1.4　氢能利用亟待解决的问题

1. 廉价的制氢技术

氢是一种二次能源，需要消耗大量的能源来生产。氢气可通过热分解、光分解或电分解等从水中分离。目前的制氢效率低。

2. 安全可靠的储氢和输氢方法

常温下氢呈气态，密度小（0.089g/L），易着火、爆炸、难液化（临界温度为 –240℃），且易泄漏，因此储存难度大。

1）高压气态储存

高压气态储氢是当前应用广泛、简单易行的储氢方式，具有充放气速率快、成本低的特点，在常温下即可进行[9]。

2）低温液氢储存

低温液态储氢特别适合存储空间有限的运载场所[9]，但对存储容器的要求较高，需要高度绝热的储氢容器才能达到保存液氢的要求。

3）金属氢化物储存

金属氢化物储存是利用氢与金属氢化物之间的可逆反应。当氢和金属构成金属氢化物时，氢以固态结合的形式储存于其中，不易爆炸。加热金属氢化物时，它分解为金属和氢气[10]。

11.2 爆发"超"能量的核能

原子由原子核和核外电子构成。原子本身很小，原子核的直径只有原子直径的 1/100 000，但原子核却集中了几乎整个原子的质量。原子核由质子和中子（统称为核子）组成，相互距离在 2×10^{-15}m 以内的质子 - 中子间、质子 - 质子间、中子 - 中子间存在很强的短程吸引力——核力。原子核内的质子、中子因核力的存在而聚在一起，整个原子核相当稳定。一旦核子变化，核力也随之变化，并释放巨大的能量，即产生一种新能源——核能。

核能又称原子能、原子核能，是核反应中核结构变化所释放的能量。核能包含原子核裂变能、原子核聚变能、原子核辐射能、正反物质湮没时释放出的能量。原子核释放的能量巨大，一个 ^{235}U 原子的核裂变能为 200MeV：$^{235}U + n \longrightarrow {}^{236}U \longrightarrow {}^{139}Xe + {}^{95}Sr + 2n$，而燃烧一个碳原子生成一个 CO_2 分子所释放的化学能仅为 4.1eV：$C(s) + O_2(g) == CO_2(g)$[11]，因碳原子燃烧释放的能量是化学能，而铀裂变释放的能量是核能。可见，核能的威力无法想象。如何才能得到这种威力巨大的核能呢？目前要使核能释放，主要

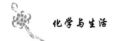

有两种方法——核裂变与核聚变。

11.2.1　核裂变能

核裂变是将较重的原子核打碎,使其分裂为两半,并释放巨大的核裂变能。当中子撞击铀核(^{235}U)时,铀核吸收一个中子而分裂成两个轻核,同时产生2~3个新中子,并释放出巨大的能量[12];核裂变放出的新中子又会打在新的铀核上引起裂变,产生新中子,这样继续下去像链条般环环相扣(图11-3),因此核裂变又称为链式裂变反应。

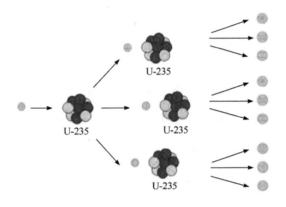

图 11-3　U-235 的核裂变示意图

要大规模和平利用核裂变能必须满足以下两个条件:①核裂变要形成链式反应;②反应必须可控。若不能控制链式反应,核裂变就会演变成原子弹爆炸,若能控制住,就可使其缓慢放出加以利用,实现该过程的设施为核反应堆("原子锅炉")。核裂变反应堆可能产生水污染、热污染、放射性污染。因此,需要谨慎使用核能,以免造成不必要的环境污染。

11.2.2　核聚变能

核聚变(图11-4)是把两个或两个以上的轻原子核合成一个较重原子核的反应,该过程放出的能量为核聚变能,其甚至比核裂变能更巨大。核聚变的首选材料为氢、氘、氚。

图 11-4　核聚变示意图

$$_1^2H + _1^3H \longrightarrow _2^4He + _0^1n$$

1952 年氢弹爆炸成功是人类历史上第一次实现人工核聚变。要使核发生聚变，必须使它们接近到 10^{-15} m 的距离，即接近核力能发生作用的范围。由于原子核带正电，要使它们接近到该程度，必须克服电荷间的巨大斥力，这需要核具有很大的动能，才能使大量轻核产生聚变。核裂变反应产生的中子轰击锂并分裂成氚（^{3}H）和氦（He），反应式为 $_3^6Li + _0^1n \longrightarrow _1^3H + _2^4He$（图 11-5），氚与氘（^{2}H）聚合生成氦并产生巨大能量。

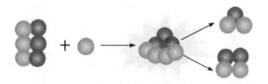

图 11-5　中子轰击锂示意图

11.2.3　核能用途

1. 核武器

核武器是利用能自持进行的原子核裂变或核聚变反应瞬时释放的巨大能量产生爆炸作用，并具有大规模毁伤破坏效应的武器。主要包括裂变武器（第一代核武器，通常称为原子弹）和聚变武器（也称为氢弹，分为两级和三级式），如中子弹、三相弹等与核反应有关的巨大杀伤性武器。

图 11-6 核潜艇

2. 核潜艇

核潜艇（图 11-6）是潜艇的一种类型，是指以核反应堆为动力来源设计的潜艇。由于这种潜艇的生产、操作成本高，加上相关设备的体积与质量大，只有军用潜艇采用这种动力来源。早期设计的核潜艇水下续航能力能达到 20 万海里，自持力达 60~90 天，而先进的核潜艇未来将实现在服役期间无需更换燃料，即可以实现在水下无限航行。世界上第一艘核潜艇是美国的鹦鹉螺号，1954 年 1 月 21 日下水，它宣告了核动力潜艇的诞生。

3. 航空母舰

航空母舰是以舰载机为主要战斗装备，并为其提供海上活动基地的大型水面战斗舰艇，简称"航母"，广义上包括直升机母舰，有的以核能为动力。

4. 核反应堆

核反应堆又称原子能反应堆或反应堆，是能维持可控自持链式核裂变反应，以实现核能利用的装置。核反应堆通过合理布置核燃料，能在无需补加中子源的条件下发生自持链式核裂变过程。

5. 核电站

核电站（原子能发电站）是利用"燃料"在核反应堆中裂变释放的能量将冷水加热，使其转变成高温高压蒸汽，再驱动汽轮机运转发电的电站。核电站种类繁多，如压水堆、沸水堆、重水堆、快堆等。核能发电能量密度大，燃料用量少，正常运行时对环境污染远比火力发电小，不产生碳、硫等排放废物，放射性废物被回收处理。图 11-7 为核电站外观。

图 11-7 核电站外观

化语悦谈

　　我国核能利用与美、俄、英、法等核大国一样，先走军用，再走民用，先制造原子弹再建核电站。此外，核能还应用于医疗（如核诊断、核治疗等）、农业（如辐射育种、辐照杀虫等）、工业（如辐照改性、木料加工、无损探伤、线上测量、食品保鲜等）、考古（如年龄测量等）、刑侦等各个领域。从总体上讲，核能的利用已开始走进人们生活的方方面面。

　　虽然核能在改进民生方面发挥着重要作用，但是核能使用不当，也会给人类带来灾难，甚至毁灭全球。因此，在和平运用核能时，还应解决核能利用的两大难题：一是核废料的处理与存放；二是核反应堆发生重大事故可能导致堆芯烧毁辐射外泄。一旦这两个问题解决不好，将严重影响人类的生存环境和人身安全。

　　为了避免核能在利用过程中发生安全事故，走探索和发展绿色的和平核能之路应成为我国核能工作者今后很长一段时间的工作目标，同时也是我国乃至全球能源利用的希望所在。为了人类的幸福，大家一起为核能最终的绿色利用贡献自己的聪明才智吧。

 参考文献

[1] 穆亚玲，王香爱.氢能源研究现状 [J].化工时刊，2008，22（10）：64-68.

[2] 李晓林.无机微纳米材料的制备及其电催化性能的调控 [D].重庆：重庆大学，2017.

[3] 日鑫（永安）硅材料有限公司.低成本制备太阳能级多晶硅的方法：中国，CN201510220161.6[P].2015-08-05.

[4] 王春峰，于清柱.谈古论今说氢气 [J].数理化学习（初中版），2006，（9）：57-58.

[5] 郝伟峰，贾丹瑶，李红军.基于可再生能源水电解制氢技术发展概述 [J].价值工程，

2018，37（29）：236-237.

[6] 刘思明. 我国氢能源产业发展前景浅析 [J]. 化学工业，2018，36（5）：16-18.

[7] 杨帆. 城市生活垃圾催化热解制氢实验研究 [D]. 武汉：华中科技大学，2008.

[8] 中山大学，广州市鑫能环保科技有限公司. 电解醇制备氢气的方法：中国，CN200410077449.4[P]. 2004-12-19.

[9] 林才顺，魏浩杰. 氢能利用与制氢储氢技术研究现状 [J]. 节能与环保，2010，（2）：42-43.

[10] 胡淑娟. 临氢条件下纳米晶体材料力学性能研究 [D]. 南京：南京工业大学，2013.

[11] 陈军，于成，魏小石，等. 从现代教育技术角度审视 MCAI 与高中物理教学的整合 [J]. 甘肃高师学报，2010，15（2）：84-87.

[12] 姜子英. 浅议核能、环境与公众 [J]. 核安全，2018，17（2）：1-5.

 图片来源

章首页配图　https：//www.hippopx.com，https：//www.freeimages.com

图 11-1　https：//pixabay.com

图 11-4~ 图 11-7　https：//www.freeimages.com

12 一脉相承：金属与合金

○ 走近金属

○ 耳熟能详的金属材料

人类从刀耕火种的石器时代一步步走来，从后母戊鼎、四羊方尊，世界见证了中国的青铜器书写的历史；"夜阑卧听风吹雨，铁马冰河入梦来"，见证了无数仁人志士热爱祖国的伟大情怀；见证了"嫦娥奔月"从神话故事变成现实，北斗卫星、神舟飞船、C919国产大型客机等见证了中国科技的"弯道超车"。金属与合金材料凭借其优异的性能，在人们的日常生活中具有举足轻重的地位[1]。

随着社会经济的不断发展，金属与合金凭借其优越的性能在人们的日常生活中发挥着越来越重要的作用。从6000年前出现的青铜器到3000年前出现的铁器，再到20世纪铝合金的广泛使用，金属材料在促进生产发展和改善人类生活方面发挥了重要作用。你知道吗？小到衣食住行，大到航空航天，都与金属有密切的关系。世界上有多少种金属？金属是否越"纯"越好呢？常见的金属有哪些类型？金属在发展的时候带给世界哪些不同？下面请屏气凝神，一起走进金属的世界吧。

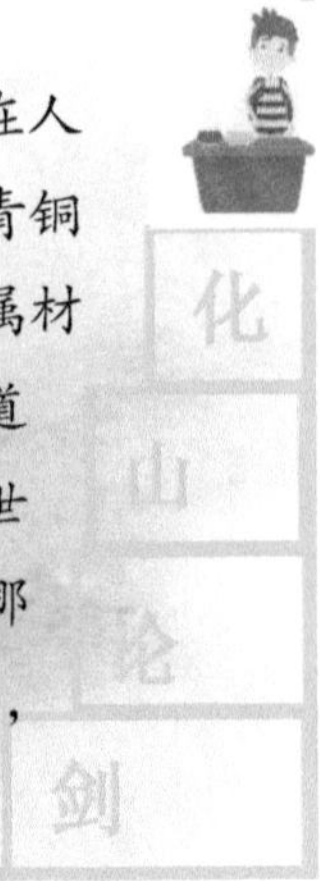

12.1 走近金属

到目前为止，人类已发现118种化学元素，其中94种为金属元素，24种为非金属元素（图12-1）。95~118号元素全部由人工方法合成。金属的内部结构决定了金属优异的性能，这充分反映了化学学科的核心观点：结构决定性质，性质反映结构。

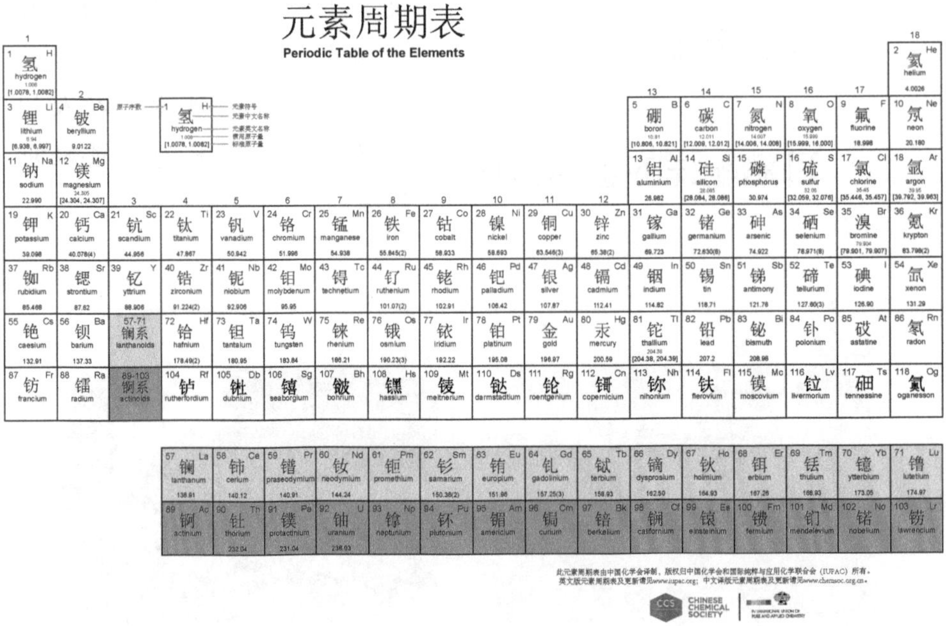

元素周期表
Periodic Table of the Elements

此完整周期表由中国化学会译制，版权归中国化学会和国际纯粹与应用化学联合会（IUPAC）所有。
英文版元素周期表及更新请见www.iupac.org；中文版元素周期表及更新请见www.chemsoc.org.cn。

图 12-1　元素周期表

12.1.1 有哪些性质

金属具有导电性（图12-2）、导热性（图12-3）、延展性等性能。金属的导电性是在电势差存在的情况下，金属晶体中的自由电子定向移动形成电流（图12-4）；导热性是金属晶体与其晶格节点中的自由电子在金属内部存在温差时，振动的离子相互碰撞以交换能量，从而达到能量传递的目的。

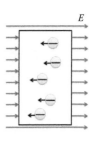

图 12-2　金属的导电性　　图 12-3　金属的导热性　图 12-4　静电场中的导体

延性是指金属在拉伸力作用下延伸成细长金属丝而不断裂的性能；展性是指金属在外力（锤击或滚轧）作用下能被碾成薄片而不破裂的特性。在外力作用下，金属原子内层之间容易发生相对位移，而金属离子和电子仍然保持金属键的结合力。

由于金属原子的电离能和电负性很小，因此最外层的价电子容易在金属中自由移动而不受原子束缚，这种电子称为自由电子。金属原子失去其价电子成为金属正离子，周期性排列的金属正离子在自由电子的氛围中，两者紧密地黏在一起，形成金属晶体。金属中的这种结合力称为金属键（图12-5），这就是金属键的自由电子理论[2]。

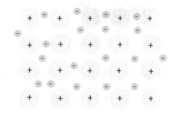

图 12-5　金属键

12.1.2 有哪些类型

金属的类型见表12-1。

表 12-1　金属的类型

类型		特点	举例
黑色金属		呈暗灰色或黑色	铁、锰和铬
有色金属	轻金属	密度 <4.5g/cm³	铝、镁、钙、钠等
	重金属	密度 >4.5g/cm³	镍、铅、钴、汞等
	贵金属	性质稳定，价格贵	金、银和铂族金属
	准金属	具有半导体性质	锗、锑、钋等
	稀有金属	含量稀少，分布分散	铊、锂、锆、稀土等

12.2　耳熟能详的金属材料

12.2.1　黑色金属

当光线投射到金属晶体表面时，金属原子中的自由电子可以极快地发出各种频率的光，这就是大多数金属呈现钢灰色至银白色光泽（图 12-6）的原因。金属光泽只有在整块时才能显示出来，而通常情况下金属粉末呈现暗灰色或黑色，这是因为不规则排列的金属原子吸收可见光后辐射不出去[3]。

图 12-6　银质茶具

1. 铁

地壳中含量最高的元素依次为氧、硅、铝和铁，铁的含量（又称丰度）为 5.63%，在地壳中主要以氧化物、硫化物和碳酸盐的形式存在。其重要的矿物包括赤铁矿（Fe_2O_3）、磁铁矿（Fe_3O_4）、菱铁矿（$FeCO_3$）和黄铁矿（FeS_2）等。

在工业中，常以焦炭为还原剂，石灰石和二氧化硅等为助熔剂，采用高炉炼铁（图 12-7）。在冶炼过程中，高炉下端的焦炭被点燃生成二氧化碳（CO_2），CO_2 又被热的焦炭还原成一氧化碳（CO），反应式如下：

图 12-7　炼铁厂

$$C + O_2 \xrightarrow{\triangle} CO_2$$

$$CO_2 + C \xrightarrow{\triangle} 2CO$$

CO 气体能把铁矿石中的铁还原出来：

$$Fe_2O_3 + 3CO \xrightarrow{\triangle} 2Fe + 3CO_2$$

　　为了充分利用能源和降低成本，炼铁高炉是一个巨大的人造化学反应堆。一个大型高炉每天可以生产超过 10 000t 生铁，而且一旦开炉冶炼，就需要全天候生产，不能停顿冷却。

　　生铁是含碳量为 3%~4% 的铁合金，脆性较好，一般只能用于铸造，因此也常称为铸铁。在铁水中，碳与铁以 FeC 的形式存在，当铁水逐渐冷却时，FeC 被分解成铁和石墨，因断面呈灰色，故称为灰口铁。灰口铁质软、有韧性，可加工或铸造成零件。

　　生铁中铁的含量约为 95%，通过电解还原可得到纯铁（含铁 99.9% 以上）。纯铁为银白色，具有金属光泽，质软，具有延展性。如果铁水冷却的速度够快，碳化铁来不及分解而被保留下来，这时断面为白色，称为白口铁。白口铁又硬又脆，不宜加工，通常用于炼钢。在铁水中加入 0.05% 的镁，可使生铁中的碳变成球状，即为球墨铸铁，其强度比灰口铁提高 1 倍，塑性提高 20 倍，不仅具有高强度、可塑性、韧性和热加工性，同时保留了灰口铁易切削的优点[4]。

　　战国至秦汉时期，人们发现反复锻造的钢在结构上更加致密，性能上更加统一，质量也有了明显的提高，从此便出现了"三十炼"、"五十炼"、"七十炼"，甚至是"百炼"钢的锻造过程。"百炼成钢"这个成语大概就是从这里来的[5]。东汉时期发明了生铁和熟铁的浇注工艺，可以通过不同比例的生铁和熟铁来控制钢的力学性能。例如，如果要提高硬度，生铁的用量就增加；如果要获得韧性较低的钢，则需要增加熟铁的用量。

　　现代熔炼 - 浇注工艺[5] 如下：

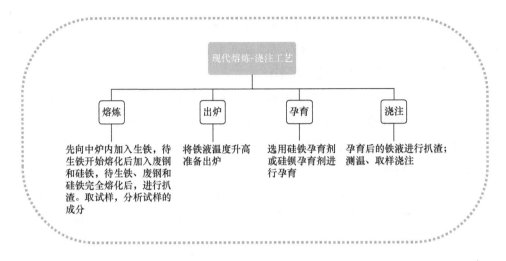

现代熔炼-浇注工艺

熔炼	出炉	孕育	浇注
先向中炉内加入生铁，待生铁开始熔化后加入废钢和硅铁，待生铁、废钢和硅铁完全熔化后，进行扒渣。取试样，分析试样的成分	将铁液温度升高准备出炉	选用硅铁孕育剂或硅钡孕育剂进行孕育	孕育后的铁液进行扒渣；测温、取样浇注

2. 钢

中国古代的炼钢技术也是当时世界上最先进的。战国初期，炼铁技术最紧迫的任务是克服生铁的脆性，提高生铁的韧性。工匠们将退火技术应用于生铁、金箔、青铜的加工，取得了显著的效果。随着退火时间的延长和退火温度的升高，铸铁件脱碳成钢。这种特殊方法生产的钢称为铸铁脱碳钢。与当时的散装炼钢相比，它不仅产量高，而且工艺简单、质量好，所以流传很快。

钢是以铁为主要元素，碳元素含量一般在0.2%以下并含有其他元素的铁碳合金，是用量最大、国际上最重要的民生金属材料（图12-8）。它的主导地位由以下几个方面决定：

（1）地壳中的铁含量丰富，有富集且易于开采的铁矿。

图12-8　钢铁桥梁

（2）热化学方法便可将金属冶炼，方法简单，成本低。

（3）铁具备优异的性能，如延展性等。

（4）在冶炼过程中加入其他材料，可获得用处不同的合金。

（5）可通过铸造、压铸、锻造、冷轧、淬火等多种工艺改变其成分、形状和物理性能，以满足各种使用要求。

通常用白口铁来炼钢。炼钢的本质是控制生铁中碳的含量，使其达到钢的要求，同时去除一些硫、磷等对钢材性能有害的杂质。在原料、原理和设备上，炼铁和炼钢存在不同，性能也存在差异，生铁和钢的比较见表12-2。

表 12-2　生铁和钢的比较

类型	生铁	钢
碳的含量/%	3~4	<0.2
其他元素	硅、锰、硫、磷	硅、锰（少量）、硫、磷（几乎不含）
熔点/℃	1100~1200	1450~1500
机械性能	硬而脆，无韧性	坚硬、韧性大、塑性好
机械加工	可铸，不可锻	可铸、可锻、可压延

不同类型的钢列举如下：

工具钢：通常在高碳钢中加入钨、铬等元素，使其具有良好的硬度和耐磨性，适用于制造刀具、斧头、锄头等。

结构钢：通常在中碳钢中加入锰和硅等元素，使其具备坚韧的性能，能经受住各种应力的考验，即使在重负载下仍不会断裂，塑性变形很小，适用于架桥、架设轨道、建造房屋等。

超高强度钢：热工艺性能要求高，具有较好的抗子弹、抗炮弹性能。适用于制造装甲车辆、坦克和潜艇等。

不锈钢：耐酸不锈钢中通常含有 16%~18% Cr、6%~8% Ni 等元素，使其在酸性溶液或海水中不生锈，具有耐热性、抗氧化性和高耐腐蚀性，适用于海水净化装置，化工厂的反应装置及家用设备等。

硅钢：碳含量很低、硅含量为 0.5%~4.5%，适用于制造电力变压器铁心。

炼铁和炼钢的比较见表12-3。

表 12-3　炼铁和炼钢的比较

项目	炼铁	炼钢
主要原料	铁矿石、焦炭、石灰石	生铁、废钢
原理	$Fe_2O_3 + 3CO \xrightarrow{\triangle} 2Fe + 3CO_2$	氧气或铁的氧化物除去多余的碳和其他杂质
主要设备	高炉	转炉、平炉、电炉
产品	生铁	钢

12.2.2　有色金属

狭义上，将铁、锰、铬以外的所有金属总称为有色金属，也称为非铁金属。广义上，将有色合金也称为有色金属。有色合金以有色金属为主体，再加入其他元素混合而成，其中铝和铝合金（图12-9）、铜和铜合金是生活中广泛使用的有色金属。

图12-9　铝合金轮毂

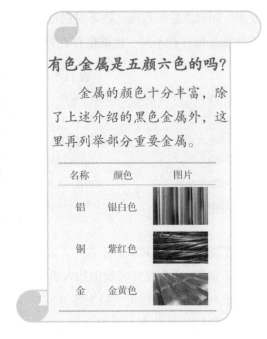

有色金属是五颜六色的吗？

金属的颜色十分丰富，除了上述介绍的黑色金属外，这里再列举部分重要金属。

名称	颜色	图片
铝	银白色	
铜	紫红色	
金	金黄色	

1. 铝和铝合金

铝是地壳中含量最丰富的金属元素，其性质较为活泼，因此常以复合硅酸盐的形式存在于自然界中。主要矿石有铝土矿（$Al_2O_3 \cdot nH_2O$）、高岭石（黏土矿物之一，化学式为 $Al_2O_3 \cdot 2SiO_2 \cdot 2H_2O$）、长石（如 $NaAlSi_3O_8$）、绢云母 $[KAl_2(AlSi_3O_{10})(OH)_2]$ 和冰晶石（Na_3AlF_6）等。

铝在空气中极易与氧气生成氧化铝，而氧化铝是一种非常稳定的化合物，因此常在高温条件下电解熔融的氧化铝制备铝，铝被还原并在阴极上析出，其反应如下：

$$2Al_2O_3 \xrightarrow{\text{电解}} 4Al + 3O_2$$

熔融的金属铝冷却后成为铝锭。

铝是一种银白色的金属，具有良好的导电性和导热性，因此常替代铜做导线。铝具有仅次于金和银的良好的延展性，可拉成细丝或碾成薄片，日常所用的卷烟和糖纸的铝箔包装（图12-10）就是在 100~150℃ 的温度下制成，其厚度小于 0.01mm。可用一定比例的铝粉和氧化铁粉混合而成的铝热剂作为引燃剂，冶炼难熔金属和焊接钢轨，反应剧烈，温度高达3000℃。此外，铝具有极佳的吸音性能，音响效果也较好。因此，在现代化的大型建筑房间中，铝经常用来制作广播室和天花板。

图12-10　铝箔纸

铝锂合金：如果将锂掺杂到铝中，就可以生产出铝锂合金。铝锂合金被称为最轻的金属合金，在合金中加入1%的锂，可使合金密度降低3%。近几年发展了一种新的铝锂合金，它比普通铝合金强度高20%~24%，刚度提高19%~30%，相对密度降低2.5~2.6。因此，用铝锂合金制造的飞机可使质量减轻15%~20%，极大地降低了燃油消耗，提高了飞机性能。

2. 铜和铜合金

新鲜的纯铜切面为玫瑰红色，表面被氧化后呈紫红色，因此通常称为紫铜。紫铜的氧化膜致密性好，因此耐腐蚀性能较强，广泛应用于建筑领域。铜的塑性好，没有低温脆性，易于加工。铜具有优异的导热性，其导电性能也仅次于银，因此广泛应用于电力、信息传输、机电、变压器、家电等行业的电线电缆。

还可在铜中加入各种合金元素，以提高其强度和耐蚀性。其中，最重要的合金元素是锌、锡和铝。

1）黄铜

铜锌合金称为黄铜（图12-11）。通过改变黄铜的锌含量，可以得到具有不同力学性能的黄铜。黄铜中的锌含量越高，其强度越高，塑性越低。在黄铜中加入铝、锡、铅等材料，可提高其耐腐蚀性和加工性能（如浇注性、可加工性），如在黄铜中加入1%的锡，可以显著提高黄铜耐海水和海洋大气腐蚀的性能，因此铜锡合金被人们亲切地称为"海军黄铜"；在黄铜中加入铅，可提高加工性能和耐磨性。

2）青铜

历史上使用最早的合金为青铜（图12-12）。它最初是指铜锡合金，因为它的颜色是蓝灰色，所以称为青铜。在青铜中加入铅、锌、磷等合金元素，可提高合金的工艺性能和力学性能。现在，人们将除黄铜和白铜（铜镍合金）以外的所有铜合金统称为青铜。

图 12-11　黄铜螺丝

图 12-12　青铜器

化学视界

食岩细菌（生物浸出）

　　铜的提取涉及露天采矿，这可能对景观造成破坏。有一些地方有大量开采出来的岩石块，由于铜含量太少而没有冶炼提取的价值。然而，在这些低品位的矿石中发现了以铁和铜化合物为食的细菌。

　　将生物过程和化学过程相结合，将矿石中的铜离子溶解在硫酸溶液中，使铜离子溶液从矿渣堆中分离出来。因此，人们现在可以从废料和一般认为没有价值的低品位矿井中提取铜。目前，超过25%的铜是通过细菌浸出获得的[6]，可分为以下7个步骤：

| 制粒 | 细菌培养 | 酸度调节 | 细菌浸出 | 萃取 | 反萃取 | 电沉积 |

参考文献

[1] 薛永强，赵红，栾春晖，等 . 化学的 100 个基本问题 [M]. 太原：山西科学技术出版社，2004.

[2] 唐有祺，王夔 . 化学与社会 [M]. 北京：高等教育出版社，1997.

[3] 王修智，陈德展 . 化之道 [M]. 济南：山东科学技术出版社，2007.

[4] 柳一鸣，易健民，侯朝辉 . 化学与人类生活 [M]. 北京：化学工业出版社，2011

[5] 赵而团，高志明，张学春，等 . 一种灰铸铁中频感应炉熔炼浇注工艺 . CN105349726A[P]. 2016.

[6] 周公度 . 化学是什么 [M]. 北京：北京大学出版社，2011.

 图片来源

章首页配图、图 12-1~ 图 12-12   https：//www.hippopx.com

13 细腻光滑：陶瓷与玻璃

○ 质韫珠光——陶瓷

○ 万珠甘滑——玻璃

在繁忙工作的闲暇时刻，大家可以在办公室里喝一杯冒着热气的咖啡，或者在庭院中饮一壶清香的绿茶……此时，大家的手中可能摆弄着精致的瓷杯，也可能触摸着玻璃的花纹……陶瓷和玻璃是最早使用的无机非金属材料，如今对它们的使用依然十分广泛。尽管现在各种新材料层出不穷，却无法撼动无机非金属材料的地位。

如果说可以用一种器物来传递五千年中华文明的魅力，那无疑是陶瓷。这个经过烈火灼炼的产物带着世人的万般宠爱一直传承下来，中华民族绚烂的历史篇章展开时，它便相伴左右。

玻璃的历史可追溯至火山爆发形成天然玻璃的史前时期，它是一种历史悠久而又具有广阔发展前景的无机非金属材料。它伴随着人类文明一同成长，是人类社会生活不可缺失的重要部分。

陶瓷和玻璃是如何生产制造出来的？为什么同属陶瓷，其形态功能却大有不同？颠覆人们认知的新型材料的原理究竟是什么？为了解开这些谜题，请屏气凝神，一起进入陶瓷和玻璃的世界吧！

13.1 质韫珠光——陶瓷

"瓷成天青，窑开山壁，晴空云鹤，玉润金紫。"这是瞿翁龙对龙泉青瓷的赞誉。中国是瓷器的故乡，中国的陶瓷自古以来闻名于世，甚至瓷器的英文 "china" 就是由中国 "China" 转变而来。

在传统意义上，陶瓷是指以黏土为主要原料并与其他矿物质原料经粉碎、混炼、成型、干燥、烧成等工艺过程制成的各种制品。而在现代，陶瓷是指用生产陶瓷的工艺方法制造的无机非金属材料和制品的统称[1]。

13.1.1 多样的陶瓷家族

陶瓷制品的种类繁多，有两种比较普遍的分类方法。

1.按性能特征分类——陶器、瓷器

按照坯体的物理性能特征，包括致密度、吸收率等的不同，陶瓷可分为陶器和瓷器，这也是陶瓷最传统的分类方法[2]。陶器是指用黏土或陶土捏制成形后烧制而成的器具。瓷器与陶器制作工艺相似，原料为瓷石、高岭土、石英、长石、莫来石等，表面多有彩绘或施有玻璃质釉。

烧制瓷器的温度不同，会导致瓷器表面的釉发生不同的化学反应，从而呈现出不同的釉色。由于原料的选择不同，烧结的瓷器胎（未施釉的瓷器）中铁元素的含量不到3%，因此釉的结晶效果好。瓷器耐磨、不透水且价格低廉，为世界各地的民众所使用，也是展示中华文明的瑰宝。

陶器与瓷器的区别在于：

（1）陶器（图 13-1）所用的原料是较低级的黏土，含 Al_2O_3 较少、Fe_2O_3 较多，呈黄褐色，较粗糙。瓷器（图 13-2）以瓷土，即较高级的高岭土烧制，含 Al_2O_3 较多、Fe_2O_3 少，一般色白、光滑。

图 13-1　陶器　　　　　　　图 13-2　瓷器

（2）陶器烧成温度较低，为 700~800℃，胎体有较多孔隙和较强吸水性，轻扣陶器时发声沉闷。瓷器则需经 1300℃ 以上的高温烧制，胎体致密坚硬，但吸水率低，轻扣瓷器时发声清脆。

（3）陶器一般不施釉。瓷器表面施釉，可增加美观度，还能起到保护作用。

陶器和瓷器虽然在性能特征上各不相同，但是它们之间存在紧密的联系。如果没有制陶术的发明和不断改进的经验积累，瓷器是不可能单独发明出来的。瓷器的发明是人类祖先在长期制陶过程中，不断认识原材料的性能、总结烧成技术、积累丰富经验，从而产生量变到质变的结果。因此，广义来说，瓷器是由陶器发展而来的。但瓷器出现以后陶器仍然继续生产，陶器和瓷器各自独立发展，并从生活用品逐渐转变为艺术收藏品。

2. 按概念用途分类——普通陶瓷、精细陶瓷

普通陶瓷（也称传统陶瓷、黏土陶瓷）的主要成分为硅酸盐，是以黏土为主要原料，并与瓷石、长石、石英等天然矿物原料经传统工艺流程制成的产品。它们的化学组成为：高岭石（黏土矿物之一，化学式为 $Al_2O_3 \cdot 2SiO_2 \cdot 2H_2O$），石英（$SiO_2$），钠长石（$Na_2O \cdot Al_2O_3 \cdot 6SiO_2$）。图 13-3 展示了几种常见的普通陶瓷。

日用陶瓷　　　　建筑陶瓷　　　　工艺陶瓷　　　　卫生陶瓷

图 13-3　几种常见的普通陶瓷

精细陶瓷（又称先进陶瓷、特种陶瓷）是采用人工合成的高纯度无机化合物为原料，在严格控制条件下，通过现代工艺手段处理制成的具有微细结晶组织的无机材料。它具有一系列优越的物理、化学和生物性能，在高温、机械、电子、宇航、医学工程等方面得到广泛应用。特种陶瓷的种类很多，按照用途和功能可以分为结构陶瓷和功能陶瓷。

1）结构陶瓷

结构陶瓷改善了传统陶瓷的脆性,由单一或复合的氧化物或非氧化物组成,是具有力学和机械性能及部分热学和化学功能的高技术陶瓷。包括氮化硅（SiN$_4$）陶瓷、碳化硅（SiC）陶瓷、氧化铝（Al$_2$O$_3$）陶瓷等。

 化学视界

飞向宇宙的飞行器穿过大气层时与空气摩擦可达几千甚至上万摄氏度高温。金属中最耐高温的钨（W）都将被熔化,而高温陶瓷却安然无恙。美国哥伦比亚号航天飞机的外表是用 34000 余块陶瓷面板覆盖,这是科学家从陨石坠落地球得到的启示。陨石在坠落过程中,由于摩擦生热会产生几千摄氏度高温,足以使陨石熔化。但陨石穿过大气层的时间很短,产生的热量还来不及传到陨石的内部,从而对陨石内部起到保护作用。因此,飞行器表面采用覆盖高温陶瓷的方法进行保护。

2）功能陶瓷

功能陶瓷是精细陶瓷的最主要组成部分,通常是指具有电、磁、光、热、生物、核性能及部分化学功能的无机固体材料,常用于能源开发、电子技术、传感技术、激光技术、光电子技术、红外技术、生物技术、环境科学等方面。包括导电陶瓷、超导陶瓷、金属陶瓷、生物陶瓷、透明陶瓷等。

a.导电陶瓷

众所周知,陶瓷的绝缘性能很好,这是由于原子的外层电子受到原子核的吸引被束缚,不能自由运动。如果给陶瓷加热,那么处于原子最外层的电子就会获得能量,脱离原子核的束缚,成为自由移动的电子,陶瓷也就可以导电,这种陶瓷就变成导电陶瓷,可将其用作新型的化学电源,如锂碘电池。

b.超导陶瓷

传统陶瓷最明显的特性是具有绝缘性,可烧制成电插座使用,或者用于输电铁塔中的绝缘瓷管,使电线处在瓷绝缘体的保护之中。超导陶瓷则是指该陶瓷材料具有超导性,在一定的临界温度下,其电阻为零。1986 年,贝德诺尔茨和米勒发现 Ba-La-Cu-O 系的超导性能，打破了传统"氧化物陶瓷是绝缘体"的观念。用新一代超导材料制成的新型线材，其数据传输的速度是目前光纤通信网络的 100 倍。

陶瓷有透明的吗？

人们熟悉的陶瓷是不透明的，然而却有陶瓷像玻璃一样透明，称为透明陶瓷。一般的陶瓷不透明是其材料内部有吸收光的气孔和散射光的杂质，所以肉眼看是不透明的。而透明陶瓷就是克服了这一难关，选用高纯度的原料（粒度很细的 Al_2O_3），改进生产工艺，排除气孔而制成。车头前高压钠灯外壳就是用透明陶瓷制造的。透明陶瓷还可用于制作红外线制导的各种导弹光学部件、防弹装甲、观察核爆炸闪光的护目镜等。

普通陶瓷与精细陶瓷的区别如图 13-4 所示。

普通陶瓷	精细陶瓷
天然矿物原料	人工精制化工原料和合成原料
主要由黏土、长石、石英的产地决定	原料是纯化合物，由人工配比决定
干压、石膏模注浆、可塑法成形为主	模压、热压铸、轧模、流延
烧制温度一般在1350℃以下，燃料以煤、油、气为主	结构陶瓷通常需1600℃左右高温烧结，功能陶瓷需准确控制烧成温度，燃料以电、气、油为主
一般不加工	常需切割、打孔、磨削、研磨和抛光
以外观效果为主，较低的力学性能和热性能	以内在质量为主，常呈现耐温、耐腐蚀、耐磨和各种电、光、热、磁、敏感、生物性
炊具、餐具、陈设品和墙地砖、卫生洁具	主要用于宇航、能源、冶金、机械、交通、家电行业

图 13-4　普通陶瓷与精细陶瓷的区别

13.1.2 陶瓷的诞生

在现代社会，陶瓷是用生产陶瓷的方法制造的无机非金属材料和制品的统称。生产陶瓷的工艺过程主要包括选取原料、粉体制备、成型、干燥、高温处理，最终得到制品等步骤。

1. 选取原料

原料是生产的基础。陶瓷的三大主要原料是：石英，为无色透明、坚硬耐磨的造岩矿物；黏土或高岭石，为颜色多样、颗粒细、可塑性强的一种或多种含水铝硅酸盐矿物的混合体（图13-5）；长石（钾长石或钠长石），是一类常见的含钙、钠和钾的铝硅酸盐类造岩矿物。

图13-5 石英与黏土

2. 粉体制备

因为原料大多来自天然的硬质矿物，要使其重新化合、造型，必须经过矿物的破碎和粉碎，再利用粉料进行配制，才能进行各种成型和热处理。

3. 成型

成型是指将制备好的坯料制成具有一定大小和形状的坯体的过程。成型需达到坯体致密均匀、干燥后有一定机械强度、坯体形状尺寸与产品协调这三大要求。主要的成型方式有：注浆成型、可塑成型和压制成型。

4. 干燥

成型之后的坯体具有一定的水分，如果直接放入窑炉进行高温处理，容易导致制品开裂变形。因此，一定要去除坯体内所含水分。干燥是指用加热的方法除去物料中部分物理水分的过程，主要是为了保证后续生产工艺中没有裂纹和变形的缺陷。

5. 高温处理

将坯体放入窑炉烧制的过程称为高温处理，即烧成。坯体在这个过程中会发生一系列物理化学变化，最终达到所需性能指标，获得预期的组成与结构，形成具有固定外形的陶瓷体。

6. 形成制品

陶瓷体再经过一系列美化过程，就形成制品。图 13-6 为各种陶瓷制品。

图 13-6　各种陶瓷制品

13.1.3　陶瓷的美化

制作精美的陶瓷制品，不仅要求制作工艺严谨，更不可缺少的是对陶瓷的美化过程。

1. 釉料

釉是覆盖在陶瓷坯体表面的薄层，近似玻璃态的物质。它不仅可以美化产品外观，增加艺术性，还可以使坯体不吸湿、不透气，防止坯体被沾污，甚至改善制品的部分机械性能、热性能和电性能。釉料由玻璃形成剂、助熔剂、乳浊剂、着色剂和辅助添加剂组成。可通过浸釉、淋釉、喷釉、荡釉的方式进行施釉。

灰陶呈灰色或灰黑色，是在烧窑后期控制火候，缺少氧气从而形成还原环境，陶土中的铁氧化物还原转化为 Fe^{2+}，因此陶器便呈灰色或灰黑色。釉陶是指表面有一层石灰釉的陶器。釉的主要成分有 SiO_2、Al_2O_3、CaO、Na_2O 等，当其烧融后呈玻璃态。如果釉中再加入一些金属氧化物，焙烧后就会呈现蓝、绿等色泽（图 13-7），金属元素与陶瓷的色彩之间的关系如表 13-1 所示。

图 13-7　蓝色陶器

表 13-1　金属元素与陶瓷的色彩

金属元素	烧制时空气（氧气）用量	
	空气过量	空气不足
Fe	黄、红、褐、黑	蓝、绿
Cu	红、蓝、绿	褐、黑褐
Mn	紫、褐	褐、黑褐
Cr	黄、绿、褐	蓝、绿
Co	蓝、淡蓝	蓝

2. 色料

色料即颜料，是一种粉状的、有色陶瓷用的装饰材料。它可用于陶瓷的坯体着色、釉料着色和绘制图案。

色料可按照使用方法分为：釉上颜料、釉下颜料、釉中颜料。

化学视界

在江西省第十五届运动会上，第一支陶瓷火炬被点燃。陶瓷火炬外观隽秀，其研创过程却面临着许多挑战，例如如何控制陶瓷收缩比使其与保护圣火的金属环完美契合。面对各项考验，景德镇本土研创团队经过反复尝试和调整，最终攻克了难题，以精益求精的工匠精神实现了传统与创新的交融。景德镇被誉为世界瓷都，其自信不仅来自于千年的积淀，更在于这份积淀孕育出的新生。

| 釉上彩 | 用途：用于已釉烧过的陶瓷表面装饰。 |
| | 特点：彩烧温度低；种类较多、色调鲜艳；与釉面结合牢固度不高，易磨损，耐用性及耐腐蚀性较差。 |

| 釉下彩 | 用途：用于未施釉的生坯或素坯表面装饰。 |
| | 特点：高温下呈色稳定，不受坯釉料作用而变色；不易磨损或受到腐蚀；品种受限、种类较少。 |

| 釉中彩 | 用途：在施釉坯表面彩饰，经高温快烧后，使颜料渗入釉层内，呈现近似釉下彩的效果。 |
| | 特点：与釉上颜料相比，其与釉层结合更紧密，耐磨损和抗腐蚀能力更优。 |

13.2 万珠甘滑——玻璃

《红楼梦》第三回中林黛玉进贾府，见荣禧堂紫檀大案上"一边是金蜼彝，一边是玻璃盒"。可见，在古代玻璃（图13-8）就是王公贵族厅堂里的摆设和艺术品[3]。而现代，玻璃已经成为日常生活、生产和科技领域的重要材料[4]。

图 13-8　玻璃艺术品

玻璃是如何制造的？传说是一些运送天然碱的腓尼基人用碱块和石灰石块做支架，烧饭后在灰烬中发现了闪光晶莹的珠粒，由此制造了玻璃。玻璃的主要成分与熔点如表 13-2 所示。

表 13-2　玻璃的主要成分与熔点

原料	石灰石	纯碱	沙子
主要成分	碳酸钙（$CaCO_3$）	碳酸钠（Na_2CO_3）	二氧化硅（SiO_2）
熔点/℃	1339	851	1650

不难看出这是根据制造玻璃的原料石灰石、纯碱和沙子编造出来的故事。在沙滩上烧火不可能把石灰石、纯碱和沙子烧熔，使其中所含的成分发生化学变化。不过人们确实很早就能制作玻璃，公元1世纪就发明了用金属管蘸取熔融的玻璃吹制玻璃瓶（图13-9）。图13-10为吹制的玻璃花瓶。

图 13-9　吹制玻璃瓶

图 13-10　吹制的玻璃花瓶

史中有化

镜子是一种常见的家用玻璃制品，其发展经历了青铜镜、汞镜、银镜、铝镜等不同阶段。在500多年前出现了玻璃镜。

镜子发展

青铜镜	汞镜	银镜	铝镜
人类在3000多年前发明了青铜镜。	背面涂水银的玻璃称为汞镜，一时成为王公贵族竞相购买的宝物。	利用化学的银镜反应在玻璃表面沉积一层薄薄的银，就成为银镜。	在真空中使铝蒸发，其蒸气凝结在玻璃表面，成为一层薄薄的铝膜，就是铝镜。

13.2.1　走近玻璃

狭义上，玻璃是用无机矿物为原料，经熔融、冷却、固化得到的具有无规则结构的非晶态固体，仅指无机玻璃。广义上，玻璃是指具有玻璃转变现象的非晶态固体。

1. 玻璃的生产

玻璃的生产过程如图 13-11 所示。

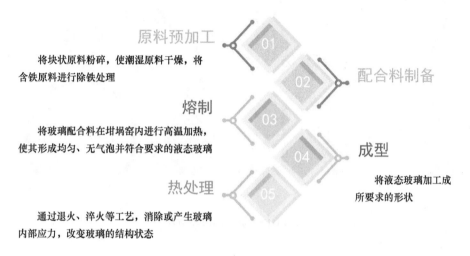

原料预加工

将块状原料粉碎，使潮湿原料干燥，将含铁原料进行除铁处理

配合料制备

熔制

将玻璃配合料在坩埚窑内进行高温加热，使其形成均匀、无气泡并符合要求的液态玻璃

成型

将液态玻璃加工成所要求的形状

热处理

通过退火、淬火等工艺，消除或产生玻璃内部应力，改变玻璃的结构状态

图 13-11　玻璃的生产过程

2. 玻璃的通性

1）各向同性

玻璃的内部质点虽无序排列但呈均匀的外在结构，表现出各向同性。

2）亚稳性

玻璃态物质在熔融体冷却过程中黏度急剧增大，质点来不及进行有规则排列而形成晶体，未释放凝固热，属于亚稳状态，有析晶倾向。

3）无固定熔点

结晶态物质是在转变温度区内由固体转变为液体，有固定熔点。与结晶态物质不同，玻璃无固定熔点。

4）可逆性

玻璃的性质在温度变化过程中发生连续且可逆的变化。

5）可变性

玻璃的性质随成分变化发生连续的变化。

玻璃的成型方法如图 13-12 所示。

图 13-12　玻璃的成型方法

13.2.2　玻璃的成分

一般无机玻璃主要由各种氧化物再加入熟料及辅助原料组成。

主要原料包括 SiO_2、Al_2O_3、CaO、Na_2O、K_2O、B_2O_3 等（表 13-3）。

表 13-3　无机玻璃的主要原料

主要原料	原料主要来源
SiO_2	石英砂、砂岩、石英岩、脉石英和水晶
Al_2O_3	长石、高岭土、叶蜡石、氧化铝、氢氧化铝
CaO	石灰石、白云石、工业碳酸钙
Na_2O	纯碱、芒硝
K_2O	碳酸钾、硝酸钾
B_2O_3	硼酸、硼砂、含硼矿物、硼酸钙

熟料是指化学组成和粒度符合要求的碎玻璃。从工艺上看，合理引入碎玻璃会加速熔制过程，降低玻璃熔制的热消耗，从而降低成本、增加产量，还可以保护环境。

辅助原料是指加速玻璃熔制的原料，或者使玻璃具有某些必要性质的原料。

它们的用量不多，但十分重要。辅助原料的主要成分见图 13-13，其中着色剂和脱色剂的种类如图 13-14 所示。

图 13-13　辅助原料的主要成分

图 13-14　着色剂和脱色剂的种类

13.2.3　形形色色的玻璃

按主要成分不同，玻璃通常分为氧化物玻璃和非氧化物玻璃。氧化物玻璃常分为硅酸盐玻璃、硼酸盐玻璃、磷酸盐玻璃等。非氧化物玻璃主要分为硫系

图 13-15　光学玻璃

玻璃和卤化物玻璃。组成玻璃的元素为硫（S）、硒（Se）等除氧之外的ⅥA族元素称为硫系玻璃，具有较好的力学性能，可作玻璃纤维；卤化物玻璃是加入了卤族元素，折射率低，多用作光学玻璃（图 13-15）。

按颜色、状态、用途分，玻璃可分为以下几种：

有色玻璃	在普通玻璃中加入一些金属氧化物制成（图13-16）。

彩虹玻璃	在普通玻璃中加入大量氟化物、少量敏化剂和溴化物制成（图13-17）。

变色玻璃	用稀土元素的氧化物作着色剂的高级有色玻璃。

微晶玻璃	在普通玻璃中加入金、银、铜等晶核，代替不锈钢和宝石。

光学玻璃	在普通硼硅酸盐玻璃原料中加入少量对光敏感的物质，再加入极少量的敏化剂，使玻璃对光线更敏感（图13-18）。

防护玻璃	在普通玻璃中加入适当辅助料，使其具有防止强光、强热或辐射透过而保护人体安全的功能。

图 13-16　有色玻璃

图 13-17　彩虹玻璃

图 13-18　光学玻璃

除以上两种分类方法外，还可以将玻璃分为普通玻璃和特种玻璃。特种玻璃也可称为新型玻璃，是指采用精制、高纯或新型的原料和新工艺，严格控制形成过程，制成的具有特殊功能或用途的玻璃，包括经玻璃晶化获得的微晶玻璃。特种玻璃可分为光学功能玻璃、电磁功能玻璃、热学功能玻璃、力学功能玻璃、化学功能玻璃及生物功能玻璃等[5]。

1. 光学功能玻璃

1）变色玻璃

在玻璃原料中加入对光敏感的物质（如卤化银）及催化剂 CuO，制得的变色玻璃可随光改变颜色。以 AgBr 为例：当受到太阳光或紫外线照射时，AgBr 分解产生银原子（$AgBr \rightleftharpoons Ag + Br$），银原子吸收可见光，无色透明的玻璃就变成灰黑色。将变色后的玻璃放到暗处，银原子和溴原子在 CuO 的催化作用下结合生成溴化银（$Ag + Br \rightleftharpoons AgBr$），银离子不吸收可见光，于是玻璃又变成无色透明。

电致变色玻璃是在玻璃中添加电致变色氧化物或在玻璃表面涂敷具有变色性能的非晶态膜形成的玻璃。在可调控的低压电源作用下，玻璃具有透光度可在较大范围内随意调节、多色连续变化等特点，可用作大面积数字、文字和图像显示的屏幕。

化学视界

玻璃的特殊功能或特殊用途是在普通玻璃所具有的透光性、耐久性、气密性、形状不变性、耐热性、电绝缘性、组成多样性、易成型性和可加工性能等优异性能的基础上，通过特殊工艺，将上述特性发挥至极点，或将上述某项特性置换为另一种特性，或牺牲上述某些性能而赋予某项有用的特性。

2）记忆玻璃

将印有文字、图像的纸片放置在透明的玻璃上，用短波紫外线等高能电磁辐射，这些文字、图像就被玻璃自动"默记"。受到长波光源照射后，在暗背景下保存的文字、图像就会再现。待这种"储光"技术成熟，人们可能在一块拇指大小的玻璃晶片上"写"下一套百科全书的内容，并且动态的三维立体影像也可以长时间完整无损地保存下来。

3）感光玻璃

感光玻璃是利用重铬酸盐（$Cr_2O_7^{2-}$）经感光后黏附瓷粉成像，将影像移到平面或曲面的玻璃片上，最后经高温烘烤而成。感光玻璃透光却不透明，还能永久保存而不褪色。

2. 力学功能玻璃

玻璃是一种典型的非结晶的玻璃体，性脆而易碎。为了提高玻璃强度，先

图 13-19　钢化玻璃建造的玻璃屋顶

将其加热到高温，然后迅速、均匀地冷却，此时玻璃的表面猛烈地收缩，使玻璃表面均匀地布满收缩应力。当这种玻璃受到拉力时，其表面的收缩应力可以抵消一部分拉力，从而提高玻璃的强度，这就是钢化玻璃。图13-19 为钢化玻璃建造的玻璃屋顶。

不碎玻璃和安全玻璃是指在制造玻璃时将金属网轧压入玻璃板中间，这样不但玻璃破碎时不会飞出碎片，还可以通电发热。这种玻璃装在坦克的瞭望孔上，不易被枪弹击穿，即使击穿也不易飞出碎片。

3. 热学功能玻璃

封接玻璃和中空玻璃是热学功能玻璃的典型代表。封接玻璃是把玻璃、陶瓷、金属及复合材料等相互封接起来的中间层玻璃。可用于封接电视机显像管屏，也用于高性能陶瓷微电子包装封接等。中空玻璃是一种新型建筑材料，具有良好的隔热、隔音效果，美观实用，并可降低建筑物的自重。它是用两片或三片

玻璃，使用高强度、高气密性复合黏结剂，将玻璃片与内含干燥剂的铝合金框架黏结，制成高效能隔音隔热玻璃。

4. 生物及化学功能玻璃

自洁玻璃泛指在玻璃表面涂抹一层特殊涂料后，使灰尘和污渍难以附着且易冲洗。与具有高疏水性的莲花效应相同，自洁玻璃的表面无法使水完全沾附，水由于本身的表面张力作用而形成水滴状。水滴在自然滑落中带走灰尘，灰尘无法堆积，使玻璃拥有自洁效果。

自洁超亲水玻璃膜中含有一种具有光催化活性的纳米材料，它能吸收一定波长的光，产生自由电子和空穴，膜表面吸附的污染物发生氧化还原反应，分解有害气体并杀死表面微菌，达到自洁的目的。

自洁超大型亲水膜组分中含具有光催化活性的纳米半导体材料，吸收一定波长的太阳光，产生载流子使膜表面吸附的水（H_2O）和氧分子（O_2）形成羟基自由基（$OH \cdot$）和活性氧（O_2^-）。它们具有非常强的氧化能力，能把表面吸附的有机物降解成 CO_2 和 H_2O，使玻璃具有自洁的功能或变得很容易擦洗。

抗菌玻璃（绿色玻璃）是一种新型生态功能材料，除具有自洁玻璃的全部功能外，还具备杀菌和抑菌的功能。其突破了普通自洁玻璃杀菌对紫外线的依赖，实现了常态下全天候抗菌、抑菌、杀菌的功能。抗菌玻璃是在"自洁"膜层基础上，采用纳米分散、修饰技术，将抗菌剂以化学键合的方式与玻璃结合，因此膜层均匀度、硬度极高。

13.2.4 大量使用玻璃的坏处

生活中随处可见的玻璃是促进当代人类文明发展最重要的材料之一，对现代社会的影响持久而深远。它不仅在建筑、汽车、家庭用品和包装等方面应用广泛，更是能源、生物医学、信息和通信、电子、航空航天、光电子等尖端领域的关键材料。

尽管玻璃已经完美融入人们生活的方方面面，但大量使用玻璃却会造成不容忽视的问题。

1. 生产污染

玻璃工业属于高耗能产业，同时消耗大量的资源。在玻璃生产过程中，原料开采、熔化、成型和退火产生的废气、废水、噪声等对环境产生一定的污染，主要是对大气、水、土壤等的污染[6]。

图 13-20　粉尘污染

生产玻璃首先需要开采硅砂、纯碱和白云石等材料，这对生态环境的破坏是相当大的，可能导致土地退化、粉尘污染（图 13-20）、矿区范围内河流的污染等。同时对人体本身的伤害也非常大，如岩尘会使人患肺部疾病。玻璃原料中有害物质（如铅、氟、砷等）的挥发也会对人体的呼吸系统造成损伤，并对周围环境造成污染。

生产玻璃过程中需要先熔化原料，然后加入大量的化学制剂，在此期间会产生大量的有害气体，如二氧化硫、二氧化碳等，这些气体都会造成严重的大气污染。玻璃生产中用量最大的就是硅质原料（砂岩、硅砂、石英砂、长石、白云石等），占玻璃配合料的 70% 以上，其中砂岩、硅砂、石英砂中含有大量的游离 SiO_2。当粉尘中游离 SiO_2 含量大于 70% 时，人体就容易患较为严重的肺部疾病。在玻璃水生产过程中，还会排放出大量的废水，这些废水不仅污染水资源，还会对土壤产生污染。

2. 光污染

当今，城市的高层建筑中广泛使用玻璃幕墙，它已成为城市中一道亮丽的风景。但是在其华丽外表的背后，由其产生的光污染（图 13-21）更加受到人们的关注。

为什么会产生光污染呢？玻璃幕墙由一块块大块玻璃构成，表面光滑，对太阳光进行镜面反射而形成的眩光射入人眼会使人看不清东西，射到室内或室外环境会使周围温

图 13-21　光污染

度升高[7]。

光污染对人们的生活、工作、健康、安全等都产生了不同程度的影响。专家研究指出，长时间在白色光亮污染环境下工作和生活的人，视网膜和虹膜都会受到不同的损害，视力急剧下降，白内障的发病率也高达 45%。并且会产生头昏目眩、失眠、心悸、食欲下降及低落等类似神经衰弱的症状，使人正常的生理和心理发生变化，长期会诱发某些疾病。

玻璃幕墙造成的光污染在道路交通安全方面也扮演着不受欢迎甚至是"交通杀手"的角色。矗立的一幢幢玻璃幕墙大厦就像一大块几十米宽、近百米高的巨大镜子，对交通情况和红绿灯进行反射（甚至是多次反射），反射光进入高速行驶的汽车内，会造成人的突发性暂时失明和视力错觉，在瞬间遮住司机的视野，或使其感到头昏目眩，严重危害行人和司机的视觉功能（图 13-22）。

图 13-22　光污染现象影响司机驾驶

此外，玻璃幕墙还使气温升高。建在居民小区附近的玻璃幕墙会对周围的建筑形成反光。据光学专家研究，镜面建筑物玻璃的反射光比太阳光照射更强烈，其反射率高达 82%~90%，光几乎全部被反射，大大超过了人体所能承受的范围。夏日将太阳光反射到居室中，强烈的刺目光线最易破坏室内原有的气氛，也使室温平均升高 4~6℃，对居住环境产生很大的影响。

3. 废弃玻璃污染

废弃玻璃（图 13-23）处理不当也会引起严重污染。据报道[8]，废弃玻璃

图 13-23　废弃玻璃

被雨水冲洗后，玻璃保护层中的铅流入水中，造成水中铅含量超标，人们在饮用后容易出现急性铅中毒症状。玻璃碎屑已是当今世界最难消除的环境公害之一。在美国、日本，不仅玻璃碎屑，就连玻璃瓶也早已被列为必须清除的环境污染物。

4.鸟撞玻璃事件

鸟撞建筑被认为是由人类造成的仅次于家猫捕食导致鸟类死亡的第二大原因。鸟撞建筑发生的原因可大致分为两种情况，一种情况是鸟类看到反光玻璃上映照出的植被、天空等环境，认为玻璃上的地点可以到达，因此与玻璃发生撞击；另一种情况则是鸟类透过透明玻璃看到另一侧的植物或空间，也认为可以穿过玻璃到达对面。而在夜间，人造光线会使鸟类失去方向感并对鸟类有吸引作用，当鸟类失去方向感并同时聚集在建筑周围时，将会面临很大的撞击风险。撞击建筑会给鸟类带来严重的后果，多数鸟类在撞击建筑后直接死亡，死因通常是颅内出血。

在经济不断发展、生活水平不断提高的同时，人们对自己的生存环境也越来越关注。在广泛使用玻璃的过程中，也应当注意绿色、环保。针对上述问题，可在生产过程中对各个环节采取一系列有效措施，把污染降到最低，节约资源，节约能源，绿色生产，清洁生产；改变玻璃幕墙的材质，并加强规划和控制管理；集中回收处理废弃玻璃；改变玻璃反光性能或透明度等。

化语悦谈

通过对陶瓷和玻璃的初探，大家一起了解了同为无机非金属材料，它们的制造历史不仅透着深厚的文化底蕴，也展现出了人类强大的智慧文明。随着现代科技文明的发展，陶瓷和玻璃也同样在发展和进步。

对啊，对啊！流传下来了不少关于陶瓷和玻璃的古诗句呢！"大邑烧瓷轻且坚，扣如哀玉锦城传"就是诗人杜甫从瓷质和音色方面对白瓷之美的赞颂。可见陶瓷自古以来就深受人们喜爱。

我来补充一个"羲和敲日"，出自唐朝诗人李贺的作品《秦王饮酒》，原句为"羲和敲日玻璃声"，意为羲和敲着太阳开道，发出玻璃声响。

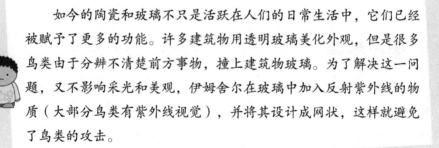

如今的陶瓷和玻璃不只是活跃在人们的日常生活中，它们已经被赋予了更多的功能。许多建筑物用透明玻璃美化外观，但是很多鸟类由于分辨不清楚前方事物，撞上建筑物玻璃。为了解决这一问题，又不影响采光和美观，伊姆舍尔在玻璃中加入反射紫外线的物质（大部分鸟类有紫外线视觉），并将其设计成网状，这样就避免了鸟类的攻击。

随着社会的发展和科技的进步，陶瓷和玻璃已不仅仅是传统意义上的普通建筑材料，而是广泛应用于信息、新能源、生物医疗和航空航天等多个领域的关键材料，这也对现代陶瓷和玻璃材料的性能、功能、组分和制造技术提出了越来越高的要求。新技术和新产品的研发难度越来越大，因此现代陶瓷和玻璃材料的工业化生产需要多学科、多技术的高度复合集成。

参考文献

[1] 潘志华，胡秀兰 . 无机非金属材料工学 [M]. 北京：化学工业出版社，2016.

[2] 陶瓷与中国文化 [J]. 金融博览，2011，（1）：62-63.

[3] 王承遇 . 玻璃成分 [M]. 北京：科学技术出版社，1958.

[4] 韩熙，孙净芳 . 现代玻璃艺术与玻璃文化产业发展研究 [J]. 艺术教育，2014，12：270，306.

[5] 尹衍升，陈守刚，李嘉 . 先进结构陶瓷及其复合材料 [M]. 北京：化学工业出版社，2006.

[6] 王文革 . 玻璃生产的污染与防治 [J]. 玻璃，2016，43（2）：42-45.

[7] 孙静，王建国 . 玻璃幕墙光污染的原因及对策 [J]. 河北建筑工程学院学报，2005，4：70-71，76.

[8] 伍新华 . 不容忽视的玻璃污染 [J]. 中国城乡企业卫生，1996，5：14.

 图片来源

章首页配图、图 13-1、图 13-2、图 13-15~ 图 13-18、图 13-20~ 图 13-23　https：//www.hippopx.com

图 13-3　https：//pexels.com

图 13-4~ 图 13-10、图 13-19　https：//www.freeimages.com

14 后起之秀：奇异功能新材料

○ 复合材料

○ 纳米材料

○ 仿生材料

○ 超导材料

○ 智能材料

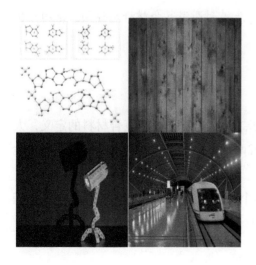

随着社会的不断进步，人们对生活质量的要求也不断提高。传统材料并不足以满足人们的日常需求，新型材料便应运而生了。

新型材料是具有传统材料所不具备的优异性能和特殊功能的材料；或者采用新技术（工艺、装备），使传统材料性能有明显提高或产生新功能的材料[1]。

说到材料大家都不陌生，因为生活中到处都是形形色色的材料。

但是你了解具有特殊功能的材料吗？

你知道它们的具体分类和功能吗？

你是否清楚它们的作用原理呢？

和你的伙伴来场知识竞赛，看谁能举出更多的例子，并且说得更完整！

14.1 复合材料

复合材料的使用历史悠久。从古至今沿用的稻草增强黏土和已经使用了上百年的钢筋混凝土均由两种材料复合而成。1940年发展了玻璃纤维增强塑料（俗称玻璃钢），从此出现了复合材料这一名称。

复合材料发展史

1879年，爱迪生通过烘烤竹子制备碳纤维；1960年，贝肯发表关于石墨晶须的论文，这是美国高性能碳纤维技术发展史研究的一个重要里程碑；20世纪70年代初，杜邦将凯夫拉纤维推向市场[2]；2014年，以先进耐高温复合材料制备隔热罩的"猎户座"飞船首次测试飞行。

14.1.1 复合材料的定义

复合材料被称为"一加一远远大于二的材料"。关于复合材料的定义，人们通常的说法是"复合材料是由两种或两种以上单一材料构成，具有一些新性能的材料"。这种说法不太确切。

现在认为复合材料指"由两个或两个以上的独立物理相，包含黏结材料（基体）和粒体、纤维或片状材料所组成的一种固体产物"。

14.1.2　复合材料的组成

通常复合材料由以连续相存在的基体材料和分散于其中的增强材料两部分组成。基体材料主要有高分子聚合物、金属及陶瓷，其中高分子聚合物的应用最广。增强材料主要有纤维增强剂和颗粒增强剂。纤维增强剂有玻璃纤维、碳纤维、硼纤维、氧化铝纤维、碳化硅纤维。碳纤维实际是指坚硬的碳质细丝，它为高尔夫球杆、F1赛车和假肢增加了强度，如图14-1所示。颗粒增强剂有二氧化钛、二氧化硅等。将增强材料与基体材料结合在一起，能取长补短。金属材料易锈蚀，合成高分子材料易老化、耐热性差，而陶瓷材料韧性差、易破碎，若将这三种材料通过复合工艺组合成新的复合材料，既能保持各自的优良性能，又能克服各自不足。例如，钢筋水泥是复合材料，其中混凝土有保温、耐磨等性能，但不能承受弯曲、剪拉等负荷，钢筋则具有良好的抗机械负荷的性能，二者复合后取长补短。大自然中也存在天然复合材料，如骨头就可以看作由羟磷灰石和胶原蛋白构成的复合材料。

图 14-1　高尔夫球杆、F1 赛车和假肢

14.1.3　复合材料的分类

按增强材料的形状分类，复合材料可分为颗粒增强复合材料、夹层增强复合材料和纤维增强复合材料。

按基体材料进行分类，复合材料可分为树脂基复合材料、金属基复合材料和陶瓷基复合材料。

目前发展最快的是纤维增强复合材料，如纤维增强树脂复合材料、纤维增强金属复合材料、纤维增强陶瓷复合材料。

自愈材料

想象一下，如果飞机机翼可以自行修复裂缝，那该有多神奇。复合材料经常被讨论的一项性能便是自修复。美国伊利诺伊大学香槟分校的研究者曾研究出一种纤维增强复合材料，其中含有充满自修复剂的管道，材料一旦受损，管道中便会释放一种树脂和一种硬化剂，两者混合就会将受损处封住。

不同材料相互结合生成的复合材料性能非凡，如可耐受几千摄氏度的高温，或者吸收子弹的冲击力。复合材料现已广泛应用于航空航天、电子电气、建筑、健身器材等领域。先进的复合材料还能保护宇航员、士兵、警察，也应用于易碎的智能手机。材料的复合也正向精细化方向发展，出现了仿生复合、纳米复合、分子复合、智能复合等新技术。

14.2 纳米材料

1965年诺贝尔物理学奖获得者费曼（Feynman）曾经在1959年预言："如果有一天可以按照人的意志来安排一个个原子，那将会是一个奇迹！"二十多年后这个预言实现了。1982年，人们利用扫描隧道显微镜观察到了原子，并且用特殊的针尖来操纵原子。

纳米科技是关于纳米体系（由尺寸为0.1~100nm的物质组成的体系）的运动规律、相互作用和实际应用的科学技术。其基本含义是在纳米尺寸范围内认识和改造自然，通过直接操作原子、分子创造新的物质。

14.2.1 纳米材料简介

纳米本身不是一种具体的化学物质，而是一种几何尺度的度量单位，一般1nm等于4~5个原子排起来的长度。

纳米材料（又称团簇、超微粒、量子点等）是指颗粒尺寸为 1~100nm 的超细材料，是由数目极少的原子或分子组成的原子簇或分子群，被誉为"21 世纪最有前途的材料"。

纳米粒子的制备

人们可利用许多方法制备出纳米粒子，物理方法有蒸发冷凝法、物理粉碎法、机械合金法；化学方法有沉淀法、气相沉积法、水热合成法、溶胶 - 凝胶法、溶剂蒸发法、微乳液法等。

纳米材料按照粒径和长度可分为纳米粉末、纳米纤维、纳米膜和纳米块体四类。

用纳米集成器件制造的卫星体积更小，更容易发射。纳米药物更容易阻断毛细血管，饿死癌细胞，可用于治疗癌症。用纳米材料制作的广告板，在光电作用下会变得更加绚丽多彩。将催化剂制作成纳米级，其催化活性更高。纳米材料在自然界中广泛存在，如天体的陨石碎片，人和动物的牙齿等都是由纳米粒子构成的。自然界中植物叶片通过光合作用把光能转化为化学能，就是纳米工厂的典型例子。

出淤泥而不染——荷叶自清洁的奥秘

荷叶表面（图 14-2）有许多微小的乳突。乳突的粒径约为 10μm，平均间距约为 12μm，每个乳突由许多直径约为 200nm 的突起组成。在微米结构上叠加纳米结构，就在荷叶的表面形成了密密麻麻的无数"小山"，"小山"与"小山"之间的"山谷"非常窄，

图 14-2 荷叶表面

水滴只能在"山头"间"流浪"，无法钻到荷叶内部，于是荷叶便有了疏水的性能[3]。

不沾水雨伞的伞面由纳米纤维制成，它不但雨水不侵、尘土难附，而且水汽无法穿透伞面，只要轻轻一抖就可让伞面立刻恢复干燥，其创意就来自荷叶表面的疏水现象。

史中有化

纳米材料的应用

用徽墨（图 14-3）写出的毛笔字为什么光泽好？

图 14-3 "金砖"徽墨

我国安徽省出产的徽墨能保持毛笔字有光泽，且较长时间不褪色。制作墨汁和黑墨的主要原料是烟炱，它是烟凝结成的黑灰。墨的保色时间与黑灰的粒径有关，粒径越小，保持时间越长。徽墨由纳米级的松烟炱和树胶、少量香料及水分制成。

14.2.2　纳米光学材料

由于小尺寸效应，纳米材料具有常规大块材料不具备的光学特性，如以下几种纳米光学材料。

1.红外反射材料

纳米微粒用于红外反射材料一般是制成薄膜或多层膜使用。人们用纳米二氧化硅和纳米二氧化钛制成多层干涉膜，将其衬在灯泡罩的内壁，不但透光率好，不影响照明，而且有很强的红外反射能力，节约电能。

2.红外吸收和紫外吸收材料

红外吸收纳米材料能很好地吸收和耗散红外线，其对人体释放出来的红外线有很好的屏蔽作用，可用具有红外吸收功能的纤维制成军服，从而避免被灵敏的红外探测器发现。

通常将纳米微粒分散到树脂中可制成紫外吸收材料。例如，防晒油、化妆品中普遍加入纳米微粒；塑料制品在紫外线照射下很容易老化变脆弱，如果在塑料表面涂上一层对紫外线有强吸收的纳米微粒的透明涂层，就可防止塑料老化。

3. 隐身材料

纳米材料具有优异的宽频带微波吸收能力，可与驾驶舱内的信号控制装置配合，改变雷达波的反射信号，使其波形发生畸变，从而逃脱雷达的监视。

有些纳米材料可使某些武器装备表面有灵敏的"感觉"，可灵敏地"感觉"到水流、水波、水压、水温等极微小的变化，并及时反馈以调整自身的运动状态、侦察和躲避敌方。各国的武器专家提出了"纳米级武器"新概念，如"蚂蚁士兵""麻雀卫星""纳米炸弹""基因武器"等。

化学视界

天然纳米材料

美国佛罗里达州出生的小海龟为了觅食要游到英国附近的海域。神奇的是，长大的海龟还要回到出生地产卵。来回几万千米，要5~6年才能完成。为什么它们能准确无误地回到出生地呢？其实这是由于它们头部内有天然纳米磁性材料，这种天然材料起到导航的作用[4]。同样，鸽子、海豚、蝴蝶、蜜蜂（图14-4）等生物体内也存在天然纳米材料为它们导航。

图 14-4 鸽子、海龟、蜜蜂

14.2.3 纳米磁性材料

1. 磁流体

磁流体是一种在强磁性纳米微粒外包裹一层表面活性剂并稳定地分散在基

液中形成的磁性液体材料。

2. 磁记录材料

以纳米微粒制成的磁记录材料为实现高记录密度提供了有利条件。此外，磁性微粒还可作光快门、光调节器、抗癌药物的磁性载体、复印机墨粉材料等。

化学视界

"我霸道，我有理"——螃蟹横行的秘密

图 14-5　螃蟹

螃蟹走路很奇怪，它们是横着走的，如图 14-5 所示。但是螃蟹以前并不横行，亿万年前，螃蟹的第一对触角里面生有用于定向的磁性纳米颗粒。后来由于地球磁场剧烈转变，小磁粒失去了定向作用，所以螃蟹变成横行的了。

14.2.4　纳米医用材料

纳米微粒的尺寸一般比生物体内的病毒、细胞小得多。可以利用纳米粒子制成机器人，注入人体血管中，对人体进行全身健康检查和治疗，疏通血管中的血栓、清除心脏动脉脂肪沉积物等。还可制成纳米送药车（图 14-6），纳米送药车在体外磁场作用下抵达患处，然后通过调节患处酸

图 14-6　纳米送药车

碱度和离子强度，使纳米送药车脱去外衣，小车上装载的药物就被释放出来。

14.2.5　纳米催化剂

人们利用纳米微粒的光催化性质成功地制备了光催化剂。半导体光催化效应在环保、水质处理、有机物降解、失效农药降解等方面有重要应用。例如，

利用纳米催化剂制成气心球，使其浮在含有有机物的废水表面或被石油泄漏污染的海水表面，利用阳光进行有机物或石油的降解；又如，二氧化钛等粉末能保洁杀菌，可添加到人造纤维中制成杀菌纤维。

在建筑领域中，外墙用的玻璃、陶瓷等如果采用纳米材料，也能像荷花一样"出淤泥而不染"，这是纳米技术赋予传统材料的神奇功效。将纳米材料做成极薄的透明涂料，喷涂在玻璃、瓷砖甚至磨光的大理石上，纳米材料的表面效应使水滴和油滴与材料表面的接触角接近0°，从而具有自清洁及防雾的作用，这些已在城市幕墙、玻璃浴室、各种眼镜和汽车玻璃上得到了广泛应用。

在气、液、固三相交点处作气‐液界面的切线，此切线在液体一方与固‐液交界线之间的夹角 θ 称为接触角（图14‐7），是润湿程度的量度。若 $\theta<90°$，则固体表面是亲水性的，即液体较易润湿固体，其角度越小，表示润湿性越好。当 $\theta=0°$ 时，完全润湿。

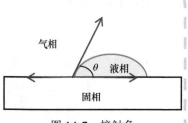

图14‐7　接触角

14.3　仿生材料

通常把仿照生命系统的运行模式和仿生材料的结构规律而设计制造的人工材料称为仿生材料。

一门新的学科——仿生材料学正在兴起。它是指从分子水平上研究仿生材料的结构特点和构效关系，进而研发出类似或优于原仿生材料的人工材料。仿生材料学是化学、材料学、仿生学和物理学等学科的交叉，立足于天然生物的独特结构和优越性能，制备出优于传统材料的新型材料。

仿生材料具有以下优良特征。

1.复合特征和多功能性

仿生材料的各种优良性能依靠其简单组分的复合保证，如细如头发丝的蜘蛛丝不仅能够捉虫子，而且是传输信息的网络，这些都是由其复杂的多层次复

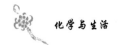

合结构决定的。

2. 功能适应性

仿生材料的复杂性是长期自然选择的结果，是由功能适应性决定的。例如，树木通常生长挺直，一旦倾斜而偏离了正常位置，便在高应力区产生应力木，使树干恢复正常位置，这说明树木具有反馈功能和自我调节作用。又如，纳米布沙漠中的甲虫（图 14-8）因其出色的集水能力而著称，通过观察记录甲虫利用背部表面收集水分的过程，其利用亲、疏水性交替的凹凸背面集水的方式激发了研究者的灵感，人们通过运用不同的材料复合技术，相继制造出大量具有集水特性的仿生材料[5]。

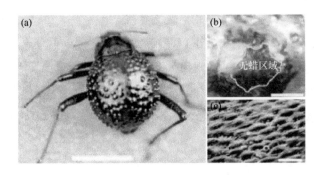

图 14-8　甲虫背部形貌结构

（a）甲虫背部明显的凹凸形状；（b）凸起顶端的无蜡区域；（c）凹面区域扫描电子显微镜图像

3. 自愈合性

生物体的显著特点是具有再生机能，如动物骨折后，经过一段时间可自行愈合。该特性的研究为人们设计有自愈合性的生命材料提供了参考。

4. 具备合成技术

生物体在其生存环境中能够合成目前人们无法合成的材料。例如，蜘蛛在常温水溶液中能把可溶性蛋白质变成高强度的不溶性蛋白纤维。研究仿生材料的合成技术，对充分利用自然资源、保护环境具有重要的意义。

高防水材料——仿生荷叶

化学前沿

　　人们模仿荷叶的表面结构研制出人工仿生荷叶，这实际上是一种人造高分子薄膜，该薄膜不沾水、不沾油。同时，仿生荷叶还具有类似荷叶的"自我修复"功能，仿生表面最外层在被破坏的状况下仍然可以保持不沾水和自清洁的功能。新型的仿生荷叶薄膜可用于制造防水底片等防水产品。

　　近年来，仿生材料学已不断向复合化、智能化、环境化和能动化的方向发展。自然界中生物的结构是通过分子的自组装形成的集合体，利用大自然的启示，通过分子自组装行为构建复合材料的仿生结构，将为复合材料的仿生设计和仿生制备提供广阔前景（表 14-1）。

表 14-1　仿生材料

仿生材料	简介	灵感来源
蜘蛛丝仿生材料	最重要的组成单元为甘氨酸、丙氨酸和丝氨酸	蜘蛛丝 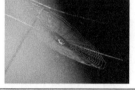
贝壳仿生材料	贝壳结构中的珍珠层属于天然复合材料，珍珠层文石晶体与有机基质交替叠层排列方式是关键所在	贝壳 
骨骼仿生材料	动物长骨的外形两端粗大，中间细长。受此启发，人们将短纤维设计成哑铃状，可提高复合材料的强度和延伸率，延长使用寿命	生物骨骼 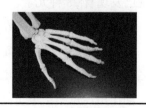

续表

仿生材料	简介	灵感来源
木结构仿生材料	木材是自然界典型的复合纤维，木材结构的纵向细胞由螺旋形的纤维细胞以不同螺旋角度与木质素结合而成。利用这一结构特性制得的螺旋纤维复合材料的冲击韧性远高于平直纤维的冲击韧性	木杆
植物根部仿生材料	由分形树纤维结构模型得到启发，纤维的力与能量随着分叉级数的增多和分叉角度的变大而变大，由此改变纤维结构可同时增加复合材料的强度和韧性	植物根 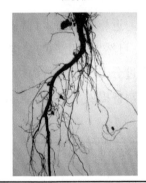

14.4 超导材料

超导材料是指在某一转变温度（T_c）下电阻突然降为零的材料。处于超导状态的导体称为超导体。超导体的直流电阻率在一定的低温下会突然消失，导体没有电阻，电流经过时就不产生热损耗，

> T_c 即临界温度：外磁场为零时超导材料由正常态转变为超导态（或相反）的温度，以 T_c 表示。

电流可以毫无阻力地在导线中流动，这样很细的导线就可以通过很强的电流。现已发现有 28 种元素、几千种合金和化合物可以成为超导体。

为什么超导体在临界温度以下具有零电阻特性呢？

常温下，导体在一定电压下，自由电子做定向运动形成电流。自由电子在运动中受到的阻碍称为电阻。当温度下降至超导临界温度以下时，由于晶格的振动作用，每两个电子结合成电子对。温度越低，结成的电子对越多。在电压

作用下，这种有秩序的电子对按一定方向畅通无阻地流动。电子对的结合越牢固，不同电子对之间的相互作用力越弱，电阻越小。

超导材料的应用前景广阔，主要有以下几个方面。

1. 在能量的产生、传输和储存方面

通常使用的铜线（图14-9），其导电传输损耗为3%~15%。以超导材料作为远距离输电导线则无电阻损耗。当今的发电机是以铜线绕制成的电磁体产生磁场，因铜线的损耗会产生热量。如果使用超导线圈，其电阻效率自然提高。

2. 在交通运输方面

超导材料在交通工具上应用的典型案例是超导列车（图14-10）和超导船。超导列车是在车上安装强大的超导磁体，地上安放一系列金属环状线圈。当列车行进时，车上的磁体从地上的线圈中感应产生相反的磁极，二者的斥力使列车浮出地面。列车在电机牵引下无摩擦地前进。

3. 在电子器件方面

要让电子设备工作更快、体积更小、功能更多，关键之一是设法将许多电路集中制作在一块微型芯片（图14-11）上。但电路安排越紧密，电路工作时产生的热量越难以散去。而产热极少或根本无产热的超导电路自然不存在这一问题。

图14-9　铜线　　　　图14-10　超导列车　　　　图14-11　微型芯片

4. 在仪器、传感器和医学诊断方面

超导磁体是磁共振成像仪的关键部件。磁共振成像仪用于医疗诊断，病人无需受到X射线和其他辐射而得到人体内器官图像。如果超导磁体实现液氮制冷机冷却，则磁共振成像仪就可能推广应用。利用超导量子干涉器件可测量人

体极微弱磁场，以提供早期病变的信息。

5. 在宇航和空间探索方面

超导材料可作为性能良好的磁屏蔽或天线，还可用于航天飞机上的微重力试验。

14.5　智能材料

你见过能自我修补的塑料吗？听说过能在需要时自动释放药物的药丸吗？这些都是由智能材料制成的高科技产品。

14.5.1　智能材料的特征

智能材料就是具有感知功能，能自己判断并得出结论的一种功能材料。它是继天然材料、合成高分子材料和人工设计材料之后的第四代材料。

感知、信息处理和执行功能是智能材料必须具备的三个基本要素。智能材料不仅可以判断环境，还可以顺应环境，如自我内部诊断、自我修复、预告寿命、自己分解、自己学习、自己增值，以及应对外部刺激而自身发生积极变化。

众所周知，细胞是生物体材料的基础。细胞本身就是具有传感、处理、执行三种功能的融合材料，故可以作为智能材料的蓝本。而智能材料的发展和构思具有仿生学的特征。

14.5.2　常见的智能材料

1. 高分子智能材料

高分子智能材料（机敏材料）是通过有机合成技术使无生命的有机材料变得似乎有感觉和知觉。

科学家致力于研究一种能自行调温调光的新型建筑材料，这种产品称为云胶，其成分是水和一种聚合物的混合物。这种聚合物的一部分是油质成分，在低温时这些聚合物分子成串排列，像一件冰铠甲，呈透明状，可透过 90% 的光线。当被加热时，这些聚合物分子变得像翻滚的云朵，聚合纤维得以聚集在一起，此时云胶又变为白色，可遮住 90% 的光。这个"换装游戏"在 2~3℃ 的温差范围内便可完成，且是可逆的。

人们还研究了一种住宅用的智能墙纸，当住宅中的洗衣机等机器产生噪音时，智能墙纸可使这种噪音减弱。

2. 光致变色材料

光致变色材料是一类见光后颜色变化，而去掉光后又能恢复原来颜色的材料。这就像变色龙一样，不过变色龙的皮肤是随环境和心情的变化而改变。光致变色材料的特性使其在光信息储存、防伪辨伪等方面有巨大的应用前景，如光致变色伪装材料、光致变色印刷版和印刷电路、变色眼镜（图 14-12）等。

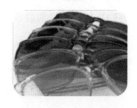

图 14-12　变色眼镜

关于光致变色材料，人们最熟知的就是照相使用的卤化银体系。分散在玻璃和胶片中的银微晶在紫外光照下变为黑色，黑暗时加热又逆转，变为无色状态。

光致变色材料大致分为两种：一是有机光致变色化合物；二是无机光致变色化合物，如金属卤化物，包括碘化钙和碘化汞混合晶体、氯化铜、氯化银等。

14.5.3　智能材料的其他应用

1. 在建筑方面

科学家正集中力量研制使桥梁、高大的建筑设施以及地下管道等能自诊其"健康"状况的材料。人体受伤后，机体具有自愈能力，现在有些纤维也具有自愈力。有两种纤维能分别感知混凝土中的裂纹和钢筋的"受伤"情况，并能自动黏合混凝土的裂纹或阻止钢筋的"伤口"恶化。这两种纤维一是黏合裂纹的纤维，它是用玻璃丝和聚丙烯制成的多孔状中空纤维，将其掺入混凝土中，当混凝土过度挠曲时，它会被撕裂，从而释放出一些化学物质充填和黏合混凝土中的裂缝；二是防腐蚀纤维，它保护在钢筋周围，当钢筋周围的酸度达到一定值时，纤维的涂层就会溶解，从纤维中释放出能阻止钢筋被腐蚀的物质。

2. 在医疗方面

图 14-13　智能假肢

智能材料可用来制造无需马达控制并有触觉响应的假肢（图 14-13）。这些假肢可模仿人体肌肉的平滑运动，利用其可控的形状回复作用力，灵巧地抓起易变形物体，如盛满水的纸杯。药物自动投放系统也是智能材料一显身手的领地。

3. 在军事方面

在航空航天器蒙皮（覆盖在骨架外的受力构件）中植入能探测激光、核辐射等多种传感器的智能材料，可对敌方威胁进行监视和预警。

更加智能的材料——二氧化钒（VO_2）

美国密歇根州立大学的研究团队对二氧化钒（VO_2）进行研究发现，当 VO_2 的大小达到肉眼几乎看不见的程度时，在室温下材料是一种固体，稍加热就变为具有截然不同特性的另一种固体。这种改变形状的能力可用于精确度要求高的手术中，帮助医生精确地定位患处[6]。

长期以来，新材料的探索和研制主要采用大量试验的方法进行。为研制一种新材料，化学家要变换多种配方和生产工艺，制作成百上千的样品，从而找出最合适的材料和生产工艺。

为改变这种落后的方法，科学家不断向物质结构的微观层次进军，努力寻求材料特性的内在规律。经研究发现，许多材料的性能与分子结构密切相关。利用此关系，科学家不仅可以预测材料的性能，而且可以按预定的性能要求设计新分子和新材料。随着计算机技术的飞速发展，人们能对化学键的键能、键长等参数进行计算，因此可预知破坏分子中某一化学键所需的能量。然后设法打开此化学键，将材料中不需要的部分切掉，或者根据需要接上其他原子和分子，从而合成新的分子和材料。如今，只要将新材料的性能要求输入计算机，计算机就能帮助人们设计出新材料，并给出合成该材料的合理方法，推测新材料的各种性能。分子设计为寻找新材料开辟了一条崭新的途径，预示着人类将要摆脱对天然材料的依赖。

 参考文献

[1] 金兆轩.生活中的化学及其应用 [J].理科考试研究（初中版），2016，23（20）：79-80.

[2] 唐有祺，王夔.化学与社会 [M].北京：高等教育出版社，1997.

[3] 周为群，杨文.现代生活与化学 [M].2 版.苏州：苏州大学出版社，2016.

[4] 何晓春.化学与生活 [M].北京：化学工业出版社，2008.

[5] 陈振，张增志，杜红梅，等.仿生材料在集水领域应用的研究现状 [J].材料工程，2020，48（3）：10-18.

[6] 江洪，王微，王辉，等.国内外智能材料发展状况分析 [J].新材料产业，2014，5：2-9.

 图片来源

章首页配图　https：//www.hippopx.com，https：//pixabay.com

图 14-1、图 14-2、图 14-4、图 14-5、图 14-9~ 图 14-13　https：//pixabay.com

图 14-3　李江.制墨·赏墨·惜墨——论徽墨的人文意义 [J].装饰，2015，2：38-41.

图 14-6　朱兵.科学家研制出纳米车 [J].科学大观园，2011，24：73.

图 14-8　陈振，张增志，杜红梅，等.仿生材料在集水领域应用的研究现状 [J].材料工程，2020，48（3）：10-18.

第四篇

环境与发展

15 留住大气美丽 "容颜"

千百年来，地球母亲慷慨地赠予人类缤纷的衣物、营养的食材、健康的水源、安全的住所……数不尽的物质资源不仅是人类的生存之本，也使得人类的生活更为舒适、安逸。其中，人类尤应感恩关系每时每刻呼吸并默默无私奉献的大气环境，而现在她正经历着一场大的灾难……

一封来自大气层的求助信

亲爱的人类朋友：

你们好！

在写这封信之前，我考虑了很久。但是由于情况一度糟糕，我不得不提醒你们重视我的处境。

我就是包裹在地球外层的大气层，以前的我们可以一起愉快玩闹、嬉戏，相处得很愉快。但不知为何，我感觉我不再是你们的好朋友了，因为你们渐渐地伤害了我。我每天感觉呼吸不畅，身边的温度越来越高，甚至身躯都变得沉重。开始的时候我还可以自我消化，然而这样糟糕的环境真的让我无法忍受了，所以我只能将我无法吸收的部分返还给你们。抱歉，也因此对你们造成了伤害，但是我不想离开你们，我舍不得你们这些朋友。

希望你们可以善待我，无限感谢你们。

你们的朋友：大气层

她是具有多大的勇气才写出了这封求助信。仔细品读，那窒息的空气是什么？持续升高的温度又是什么原因？人类又该作何反思……

一个成年人每天需要吸入 13kg 空气，是每天摄取食物的 10 倍，是饮用水的 3~4 倍。一个人可以几天不饮水、不取食，但无法想象几分钟不吸入空气将会是什么样子。

覆盖在地球表面的薄层空气正是保护地球上万物生灵的天然屏障，也是人类目前赖以生存的唯一空间环境。但是人类为了满足自身的需求，越来越多的生产活动正在加速对大气层的污染和破坏。

面对这似乎"病入膏肓"的大气环境，人类该做些什么拯救她呢？想要对症下药，还得先来了解她。

15.1 大气层的神秘面纱

大气是多种气体混合组成的，包含恒定组分、可变组分和不变组分。其中，约 99.97% 的成分为恒定组分，在地球表面几乎均匀分布，包括 78.09% 的 N_2、20.95% 的 O_2、0.93% 的 Ar 以及微量的其他稀有气体。可变组分包括空气中的 CO_2、O_3、H_2O 等，它们的含量随季节、地区以及人们的生产生活活动的改变而变化。不变组分是指分散在大气中的污染物。

根据大气温度随垂直地面高度变化的特征将大气层分为对流层、平流层、中间层和热层，如图 15-1 所示。

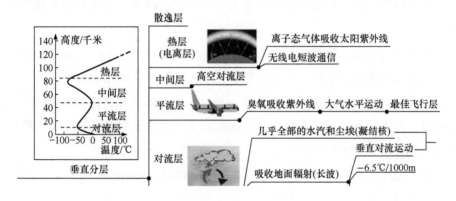

图 15-1 大气的垂直分层

对流层位于大气最底层，其厚度随纬度和季节而变化，质量约占大气总质量的 95%。对流层的温度随着高度上升而降低，云、雨、雪、霜等天气现象也都发生在对流层。对流层存在的化学物质主要有 N_2、O_2、Ar 和 CO_2。

对流层之上为平流层，厚度可延伸到距地面 50km 外。在该层中，由于臭氧强烈吸收紫外线，因此气体温度随高度的增加而缓慢上升。在平流层及平流层以上，几乎不存在水蒸气和尘埃，因此极少出现云、雨、风暴等气候现象。该层中的主要化学物质是 N_2、O_2 和 O_3。平流层大气透明度较好，气流稳定，因此是现代超音速飞机飞行的理想空间[1]。

平流层之上为中间层，位于距地面 50~80km 处，气温随高度的增加而下降，空气稀薄，对流运动强烈。

再向上是厚约 420 km 的热层。因太阳照射使此层温度急剧上升，故称为热

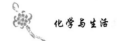

层；又因为该层带电粒子十分稠密，故又称电离层。由于带电粒子可以使发射的无线电波反射回地面，因此对远距离通信极为重要。

热层之外是散逸层，因为所受地球引力的作用很小，所以气体稀薄，它是大气层的最外层。由于该层的气体和微粒也会向星际空间"逃逸"，因此散逸层没有明显的边界。通常将热层以内的部分当作大气层。

 史中有化

大气环境化学的研究

大气环境化学是研究化学物质在大气环境中的性质、化学行为和化学机制的科学。

➤ 瑞典大气化学家罗斯比（Rossby）和英国科学家史密斯（Smith）分别研究了大气颗粒物的扩散和全球环流及降水成分，开创了大气化学研究的先河。

➤ 几起闻名世界的大气污染事件，如洛杉矶烟雾事件、伦敦烟雾事件，引发人们对大气光化学研究的重视，因此发现了自由基氧化链反应与大气颗粒物的协同作用对人体健康的影响。

➤ 酸性降水在北欧和北美出现，推动了酸雨形成机制的研究。

➤ 科学家发现了南极臭氧空洞，并证实了氯氟烃等痕量气体对平流层臭氧的影响，同时发现大气中 CO_2、CH_4、N_2O 等微量气体浓度的增加会导致气候变暖。

➤ 大气化学研究的重点逐渐转向气溶胶。

➤ 大气环境化学的研究着重关注大气、海洋和陆地生态系统之间的相互作用。

大气层的神秘面纱被一层层揭开，人们对其的探索越来越多。不乏有人对她崇拜和热爱，然而也有人利用她的宽容对她进行破坏，如那些表面光鲜但却伤害她的"劣质粉底"。

15.2 铺面的"劣质粉底"

国际标准化组织（ISO）将大气污染定义为："因人类活动和自然过程引

起某些物质进入大气,呈现出足够的浓度,达到足够时间并因此危害人体的舒适、健康或危害环境的现象。"如果向大气中排放的物质(如烟尘、CO、CO_2、SO_2、NO、硫氢化物,以及各类无机物和有机物)、能量(如光、声、磁、热)和生物(如病毒、细菌等各种微生物)等超过了大气环境容许量,将直接或间接地对人类的生产生活产生不良的影响。

按照不同的标准,大气污染可分为不同类型。例如,根据污染方式,可分为固定污染和移动污染;根据污染物的性质,可分为化学污染、物理污染、生物污染和放射性污染。

向大气排放的各类污染物质正是所谓的"劣质粉底",它们对大气造成的破坏可能不会立刻显现,但往往祸患无穷。这些"劣质粉底"从何而来呢?

空气中对人类危害最大的污染物有五种:颗粒物(粉尘、酸雾、气溶胶等)、SO_2、CO、C_xH_y(碳氢化合物)、NO_x(氮氧化合物)等有害气体。它们主要来源于燃料燃烧和工业生产过程,如图 15-2 所示。

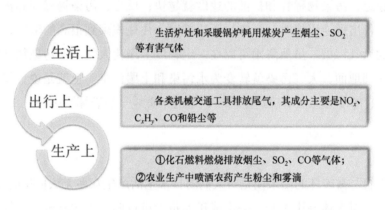

图 15-2 污染物主要来源

自然界中某些变化往往也会引起大气成分改变。例如,当火山喷发时,大量的灰尘和 CO_2 气体被喷入大气层,在该地区内产生有毒烟雾;雷电等自然原因引起的森林火灾也会增加大气中 CO_2 和烟尘的含量。一般来说,这种变化是局部的、短暂的,影响也不会很大。大气污染的主要原因是人为因素。

图15-3　空气质量指数计量表

空气污染程度通常用空气污染指数（环境空气质量综合指数）表示。各种污染物都有自己的污染指数，称为分指数。目前我国重点城市空气质量日报的监测项目统一规定为SO_2、NO_2、CO和可吸入颗粒物。空气污染指数的取值范围定为0~500，其中50、100和200分别对应我国空气质量标准中日均值的一级、二级和三级标准的污染物浓度限定数值，如图15-3所示。

　　排放的污染物一旦进入大气，在风的作用下就会稀释和扩散。风越大，大气越不稳定，污染物稀释和扩散的速度就越快；反之，污染物稀释和扩散的速度就慢。若出现逆温层时，污染物无法扩散，往往积聚到很高的浓度，从而造成严重的大气污染。虽然降雨可以在一定程度上净化大气，但污染物会伴随着雨雪降落到地面，大气污染就转变为水污染和土壤污染。也就是说，仅靠大气层自身的自净能力无法解决这些污染，她的"美貌"被破坏了……

15.3　我的"美貌"被破坏了

　　"美貌"被破坏的结果便是对人们的日常生活产生众多无法估量的危害。

　　首先，对人体健康不利。一个成年人每天进行两万多次呼吸，计算共吸入15~20m³空气。在呼吸的过程中，空气中的污染物也随之进入人体；人暴露在空气中，污染物会通过接触皮肤进入人体，如脂溶性物质；污染物还会附着在日常的食品和饮用水中进入人体，这些都是无法避免的。这些污染物易导致呼吸道疾病与生理机能障碍，也容易使眼睛、鼻子等的黏膜组织受到刺激。当大气中污染物浓度很高时，容易造成人体急性污染中毒，甚至死亡；即使污染物浓度不高，人常年呼吸这种被污染的空气，也容易引起慢性支气管炎、支气管哮喘、肺气肿和肺癌等疾病[2]。

其次，对植被产生危害。与人类和动物相比，植物更易遭受大气污染物的伤害。一方面，植物在生长季节会长出大量叶片，通过叶片表面的气孔与空气接触，并进行活跃的气体交换；另一方面，植物不具有像高等动物那样的循环系统，因此无法缓冲外界对它造成的影响，并且植物一般固定生长在一个地方，不能主动避开污染的伤害。大气污染物会影响植物的生理机能，导致植物叶片褪绿、品质恶化、产量下降。若大气污染物的浓度很高时，还会直接导致植物叶片表面出现伤斑甚至枯萎脱落，因此大气污染物对植物的危害十分严重。

再次，对气候产生不良影响，主要体现在以下几方面。

减少到达地面的太阳辐射量

大气中大量的烟尘微粒使空气变得非常浑浊，且遮挡阳光。据观测统计，在大工业城市烟雾不散的日子里，太阳光直接照射到地面的量比没有烟雾的日子减少近40%。

增加大气降水量

大气中众多的烟尘微粒具有水汽凝结核的作用。因此，当大气中有其他降水条件与之配合时，会出现降水天气。

升高大气温度

无数烟囱和其他废气管道排放到大气中的大量CO_2，约有50%留在大气里。CO_2能吸收来自地面的长波辐射，使近地面层空气温度升高，即产生温室效应。

最后，大气污染在其他方面也给人类造成了众多不良影响。例如，空气中的SO_2对金属制品有强烈腐蚀作用，可以使纺织品、皮革制品变质。由于SO_2和硫酸烟雾的侵蚀，古迹文物遭到腐蚀和破坏。随着工业发展，煤、石油等化石燃料的消耗量增加，排放的工业废气急剧增加。废气中的SO_2和氮氧化物进入大气，发生一系列化学反应，转变成硝酸（HNO_3）和硫酸（H_2SO_4）进入降水，酸雨由此形成。如果建筑物和桥梁遭遇到酸雨，使用寿命会缩短。空气中的粉尘使空气的能见度降低，影响驾驶员视线距离，交通事故发生率上升，危及人们的生命安全等。

大气的"美貌"被破坏了，留下的是斑斑点点的累累伤痕……

15.4　看我伤痕累累

15.4.1　雾霾

雾霾是雾和霾的组合词，指空气中悬浮的细颗粒物含量超标所形成的大气污染现象。

1. 大气颗粒物的定义

大气中各种固体和液体颗粒状物质都统称为大气颗粒物。这些颗粒物在空气中均匀分布，形成一个大的相对稳定的气溶胶体系。因此，大气中的颗粒物也称为大气气溶胶。

气溶胶悬浮在大气中，对光有吸收、反射、散射等作用，从而对气候产生直接或间接的影响。直接影响是吸收或反射太阳辐射，使地球的热平衡受到影响；间接影响是增加云的凝聚核，影响云的成核作用。

2. 大气颗粒物来源

大气颗粒物的来源可分为天然来源（地面扬尘、海盐溅沫、火山灰、陨星尘、花粉等）和人为来源（燃烧过程、工业生产过程、汽车尾气、人为排放 SO_2 在一定条件下转化为 H_2SO_4、盐粒子等的二次颗粒物）。其中，液体颗粒物主要来源于水蒸气冷凝，而固体颗粒物主要来源于扬尘、工业排放物、海盐溅沫、火山灰、植物颗粒[3] 等。

大气中的 $PM_{2.5}$ 被认为是造成雾霾天气的"元凶"。$PM_{2.5}$ 是指空气动力学当量直径小于等于 $2.5\mu m$ 的颗粒物，是大气颗粒物的一种。其中，PM 的意思是颗粒物，是英文 particulate matter 的缩写。$PM_{2.5}$ 并非某一种化学类型的污染物，而是由多种污染物组成的。$PM_{2.5}$ 中的一次固态颗粒物主要来源于燃烧过程、矿物质的加工精炼过程以及工业加工过程等；可凝结颗粒物主要由半挥发有机物组成；二次颗粒物主要由无机气凝胶（SO_4^{2-} + NO_3^- + NH_4^+）及挥发性有机物转化而成的二次有机物构成。$PM_{2.5}$ 携带有大量的重金属和有机污染物，这些污染物能深入细胞而长期存留在人体中。污染物吸入人体后，约有 5% 吸附在肺壁上，并能渗透到肺部组织深处，从而易引起各类心肺疾病。图 15-4 为颗粒物进入人体示意图。

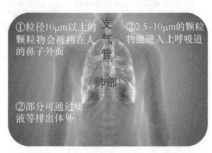

①粒径10μm以上的颗粒物会被挡在人的鼻子外面
③2.5～10μm的颗粒物能进入上呼吸道
支气管
肺部
②部分可通过痰液等排出体外

图 15-4　颗粒物进入人体示意图

　　数据显示，在 $35m^2$ 房间内连续吸 3 支烟，距离吸烟者 1.5m，空气中 $PM_{2.5}$ 浓度可达 $1700\mu g/m^3$。烟灭 1h 后，室内空气中 $PM_{2.5}$ 仍可达 $350\mu g/m^3$ 以上，相当于雾霾天的"6 级严重污染"。

　　除二手烟外，"三手烟"也会对人体产生危害。烟草烟雾发散后会滞留在室内墙壁、家具、衣服、头发里，这类"三手烟"包含的重金属、致癌物、辐射元素可在室内滞留数天至数月，持续产生健康危害，尤易引发婴幼儿皮肤炎、中耳炎等疾病。

　　净霾自洁涂层所含有的纳米材料在自然光的照射下会发生光催化反应，产生反应活性很高的羟基自由基，从而分解墙体周围空气中的污染物，如氮氧化物。同时，净霾自洁涂层利用光催化反应可以分解黏附在墙体上的油性污染物。净霾自洁涂层还具有超亲水特性，雨水可以在其表面完全铺展，有利于雨水对污染物的冲刷，不易形成雨痕污染[4]，如图15-5所示。

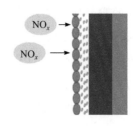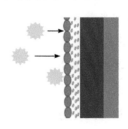

1. 基于钛思特技术的净霾自洁涂层在阳光照射后，在表面生成活性氧

2. 活性氧将附着于涂层表面的致癌物氮氧化物(NO$_x$)氧化成可溶于水的硝酸根离子

3. 周边空气中的(NO$_x$)前赴后继地流向 NO$_x$ 浓度较低的墙面，因此涂层可以持续净化周边空气

图 15-5　净霾自洁涂层的净霾过程

15.4.2　臭氧空洞

臭氧是氧气的同素异形体，是一种具有鱼腥味的淡蓝色气体。在地球上空大气的同温层中，来自太阳的高能紫外线能使氧分子变为臭氧，于是在地球上空 15~50km 的大气平流层中聚集成臭氧层。臭氧对波长为 220~330nm 的紫外线有强吸收作用，这些紫外线会降低人体免疫力，危害眼睛和呼吸器官，增加皮肤癌的发病率。

1. 臭氧层的形成过程

大气中的氧气分子在短波紫外线的照射下分解为氧原子，而氧原子很不稳定，极易与其他物质发生反应。例如，它与氢分子（H$_2$）反应生成水（H$_2$O），与碳（C）反应生成二氧化碳（CO$_2$）。同样，当氧原子与氧分子（O$_2$）反应就会形成臭氧（O$_3$），如图15-6所示。O$_3$形成后，由于其密度大于O$_2$，会逐渐下降到臭氧层底部。然而在下降过程中，随着温度上升，O$_3$也越来越不稳定，再受到长波紫外线照射，O$_3$就再度还原为O$_2$。臭氧层就依照这个过程，维持O$_2$与O$_3$转化的动态平衡。

然而，现代分析化学测定的结果表明，围绕地球的臭氧层在 20 世纪后期已遭到严重损耗破坏。1979 年南极上空臭氧总量为 290D.U.，1987 年降为 121D.U.，1991 年降为 110D.U.，1995~2007 年南极上空臭氧层情况如图 15-7 所示 [将 0℃、

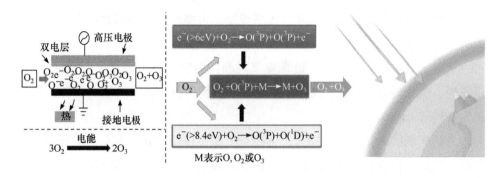

图 15-6 臭氧的形成过程

标准海平面压力下 10^{-5}m 厚的臭氧层定义为 1 个多布森（Dobson）单位，即 1 D.U.]。

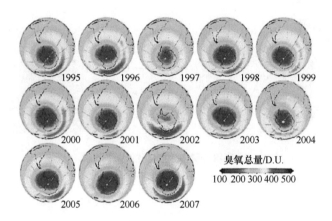

图 15-7　1995~2007 年南极上空臭氧层情况

　　1984 年，英国科学家首次发现南极上空出现了臭氧空洞；1985 年，美国的"雨云 -7 号"气象卫星观测到了这个臭氧空洞。臭氧空洞一经发现，立即引起科学界及整个国际社会的震动[5]。

　　2. 臭氧层破坏的原因

　　为什么地处高空的臭氧层会遭到破坏呢？这要从大气层的结构和性质说起。

　　从地表到对流层顶部，气温约从 15℃ 降至 −56℃，再往上 50km 左右是平流层顶部，气温又升至约 2℃。对流层顶的低温使水和一般污染物到此都凝结下落，保护了平流层。由于平流层中大气在垂直方向对流很少，而水平方向又混合得快，因此有害污染物一旦进入平流层，可能在那里滞留数年之久，并且影响整个地球。

从对流层扩散到平流层，破坏臭氧层的污染物主要为氮氧化物（NO_x）和氯氟烃。氯氟烃是 $CFCl_3$、CF_2Cl_2 等氯和氟置换的甲、乙、丙烷的总称，商品名为氟利昂（freon）。

消耗臭氧层的物质如 CF_2Cl_2，可在对流层中停留 120 年左右，十分稳定。然而，当这类物质扩散到平流层后，在太阳辐射下发生光化学反应，释放出游离的活性很强的氯原子或溴原子，参与损耗 O_3 的一系列化学反应。破坏臭氧层的机理是按链式反应进行的，一个污染物分子可破坏上万个 O_3 分子，破坏 O_3 的机理如图 15-8 所示。

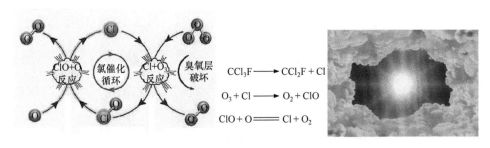

$$CCl_3F \longrightarrow CCl_2F + Cl$$
$$O_3 + Cl \longrightarrow O_2 + ClO$$
$$ClO + O \Longrightarrow Cl + O_2$$

图 15-8 臭氧层破坏的循环过程

化学视界

氯氟烃

氯氟烃是指氟利昂一类的化合物。它们是制冷气体和气溶胶材料，被压缩在气溶胶罐中，打开罐的阀门，可制成人造气泡奶油、剃须膏、牙膏、头发喷雾剂等。

$$CF_xCl_{4-x} + h\nu \longrightarrow \cdot CF_xCl_{3-x} + \cdot Cl$$
$$\cdot Cl + O_3 \longrightarrow \cdot ClO + O_2$$
$$\cdot ClO + O \longrightarrow O_2 + \cdot Cl$$

总反应：$O_3 + O \longrightarrow 2O_2$

这个循环还在继续，每个游离氯原子或溴原子会破坏约 10 000 个 O_3 分子，这就是氯氟烷烃或溴氟烷烃破坏臭氧层的原因。

3. 臭氧层破坏的危害

研究表明，O_3 每减少 1%，对人体有害的紫外线将增加 2%。一个重要的影响就是杀伤作为海洋食物链基础的浮游植物。人长时间暴露在紫外线下将增加白内障和皮肤癌的患病率，这是由于中波紫外线辐射能被细胞的 DNA 吸收，发生光化学反应，从而改变 DNA 的功能，使基因密码在细胞分裂时被错误地转换，细胞分裂失控而导致皮肤癌。如果没有臭氧层，地球上的树木会在几分钟内全被烧焦，所有生物将全被杀死。因此，臭氧层被破坏的危害不容小觑。

15.4.3 酸雨

按照国际统一规定，将 pH<5.6 的酸性降水称为酸雨，包括雨雪或其他形式的降水。酸雨会对人们的生产生活产生极其严重的影响，被人们称为"空中死神"和"看不见的杀手"。

1. 酸雨形成的原因

酸雨现象是大气化学过程和大气物理过程的综合效应。酸雨是大气中的酸性物质（如 SO_2、NO_x）被悬浮于大气中的 O_3、H_2O_2 及某些金属元素催化而形成的。酸雨中含有多种无机酸和有机酸，绝大部分是 H_2SO_4 和 HNO_3，多以 H_2SO_4 为主。

以污染源排放出的 SO_2 和 NO_x 为起始物，形成过程如下（图 15-9）。

$$SO_2 + [O] \longrightarrow SO_3$$
$$SO_3 + H_2O \longrightarrow H_2SO_4$$
$$SO_2 + H_2O \longrightarrow H_2SO_3$$
$$H_2SO_3 + [O] \longrightarrow H_2SO_4$$
$$NO + [O] \longrightarrow NO_2$$
$$2NO_2 + H_2O \longrightarrow HNO_3 + HNO_2$$

式中，[O] 表示各种氧化剂。

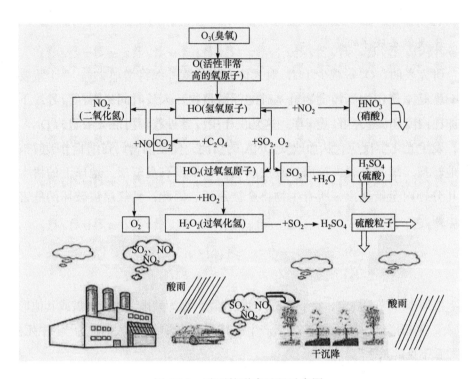

图 15-9　酸雨的形成过程示意图

　　凡是以石油为主要燃料的地区，酸雨组成中硝酸成分较多；以煤为主要燃料的地区，硫酸成分较多。我国的酸雨主要由大量高硫煤的燃烧引起，多为硫酸雨。此外，各种机动车排放的尾气也是形成酸雨的重要原因。

　　2. 影响酸雨形成的因素

　　并非大气中有了酸性气体（SO_2、NO_x）就一定导致酸雨。为什么北方工业发达、用煤较多的京津冀地区就无酸雨？

　　原因是该地区的土壤和地壳矿物成分中含较多的碱金属（如 Na、K）和碱土金属（如 Mg、Ca）。它们成为气溶胶转入大气后，与云中的酸发生中和作用，降低了雨水的酸性，不至于形成酸雨。而南方雨水充沛，降水多，土壤和地壳中的碱金属和碱土金属多被淋溶，转入大气的碱性物质较少，而土壤中含量丰富的 Fe、Mn、铅氧化物以黏土形式存在，它们转入大气后又加速 SO_2 转化为 H_2SO_4，其本身还会水解生成酸，更加强了雨水的酸度。因此，影响酸雨的因素主要考虑以下几点。

1 **天气形势的影响**：如果气象条件和地形有利于污染物的扩散，则大气中的污染物浓度降低，酸雨就减弱，反之则加重。

2 **颗粒物酸度及其缓冲能力**：大气中颗粒物的组成很复杂，主要来源于土地飞起的扬尘，因而颗粒物的酸碱性取决于土壤的性质。一是大气颗粒物所含的锰、铁、铜、钒等过渡金属离子可催化SO_2氧化成H_2SO_4，使SO_2的氧化反应速率增大，这种催化氧化过程比较复杂，但可以用一个总反应式表示：$2SO_2 + 2H_2O + O_2 \xrightarrow{\text{金属催化剂}} 2H_2SO_4$。二是能对酸起中和作用。若本身为酸性的，就不能起中和作用，反而会成为酸雨来源。我国北京地区颗粒物偏碱性，缓冲能力强，很少形成酸雨[6]。

3 **大气中的NH_3**：NH_3是大气中唯一常见的气态碱。它易溶于水，能中和酸性气溶胶或雨水中的酸，从而降低雨水的酸度。

对于硫酸型酸雨，发生反应$NH_3 + H_2SO_4 \Longrightarrow NH_4HSO_4$；

对于硝酸型酸雨，发生反应$NH_3 + HNO_3 \Longrightarrow NH_4NO_3$。

4 **酸性污染物的排放及其转化条件**：降水酸度的时空分布与大气中SO_2和降水中SO_4^{2-}浓度的时空分布存在一定相关性。

3. 酸雨的危害

1）对人类的危害

酸雨影响人体呼吸系统，会导致哮喘、干咳、头痛和眼睛、鼻子、咽喉等过敏。

2）对建筑物和雕像的危害

酸性粒子沉积在建筑物和雕像（图15-10）上造成侵蚀，也会对桥梁和金属建筑材料产生影响，不仅造成经济损失，而且会给人类的安全带来威胁。

3）对植物的危害

酸雨会影响农作物的叶子，还会溶解土壤中的金属元素，造成矿物质大量流失，植物无法获得充足的养分，导致植物枯萎、死亡（图 15-11）。

图 15-10　受到酸雨腐蚀的雕像

图 15-11　酸雨对植物的破坏

4）对水生物的影响

酸雨会降低河流湖泊的 pH，破坏水生物的栖息地，影响水生物的生存和繁衍，甚至导致水中生物大量死亡。

5）对能见度的影响

形成酸雨的物质也是形成光化学烟雾的物质，如果不及时降雨，还会导致能见度降低。

15.4.4　温室效应

温室效应本身对全球生态系统是有益的，正是由于"温室效应"才使世界充满活力。温室效应使地球表面的平均温度维持在 15℃ 左右，特别适合地球上生命的延续。如果没有温室效应，地球表面平均温度将是 −18℃ 左右，现有的大多数生物将无法生存。

但是从近代开始，人们的观点发生了变化，温室效应已经成为一个不可忽视的全球性环境问题。现在人们谈到的温室效应实际上是人们对原来的温室效应大量"干扰"，使其过于强化的结果，是一种"人为温室效应"。主要原因在于人类活动排放了大量的温室气体，包括大气中原有的成分（H_2O、CO_2、CH_4、N_2O、CO 等）和大气中原来没有的氯氟烃（CFCs），对地球的保温效果过强，产生了过犹不及的效果。

1. 形成原因

来自太阳的各种波长的辐射，其中一部分在到达地面之前被大气反射回外层空间，或者被大气吸收后再反射回外层空间；另一部分直接到达地面或通过大气散射到达地面。到达地面的辐射由少量的紫外光、大量的可见光和长波红外光组成。这些辐射在被地面吸收之后，除地表存留一部分用于维持地表生态系统热量需要外，其余最终都以长波辐射的形式返回外层空间，从而维持地球的热平衡。被地面反射回外层空间的长波辐射被大气中能够吸收长波辐射的气体（如 CO_2、CH_4 等）吸收后再次反射回地面，这样地球的热量就不会大量地散失了；但如果该过程过强，就会造成温室效应，如图 15-12 所示。

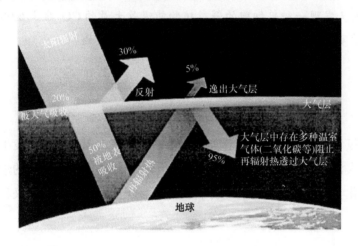

图 15-12 温室效应形成过程

2. 温室效应的危害

温室效应将导致全球平均温度上升，极地冰川融化，海平面上升，一些沿海城市可能被淹没。全球温度上升的过程中，两极升温快，而赤道升温慢，因此全球的大气环流会发生改变，如西风漂流、东北信风和东南信风减弱，从而引发一系列气候变化。另外，温室气体增加，还会伴随大量其他环境问题，如物种对气候不适应导致的物种灭绝，生物对气候的不适应导致疾病的流行等。

化学视界

科学家发现金星上没有生命的一个重要原因就是CO_2含量过高产生了温室效应。如果不能有效地控制温室效应，若干年后，地球将会变成第二个金星。为了解决这个问题，科学家正在研究如何使CO_2变害为利，有效地缓解和控制温室效应。

随着科学的进步，人们发现CO_2的应用相当广泛。例如，CO_2是一种良好的萃取剂和制冷剂。另外，CO_2可作为一种不添加任何防腐剂的保鲜物质。在医疗卫生方面，CO_2还是一种好的呼吸刺激剂。人们又发现一种单细胞的藻类植物能吸收大量的CO_2生成生物柴油，科学家设想利用这种藻类将CO_2转化为生物柴油。

15.4.5 光化学烟雾

含有氮氧化物和碳氢化合物等的一次污染大气在阳光照射下发生光化学反应产生二次污染物，这种由一次污染物和二次污染物混合所形成的烟雾污染现象称为光化学烟雾。由于这种烟雾首先出现在美国洛杉矶，所以又称"洛杉矶烟雾"。

《京都议定书》是《联合国气候变化框架公约》（简称《公约》）的补充条款，是1997年12月在日本京都由《联合国气候变化框架公约》缔约方第三次大会制定的。其目标是将大气中的温室气体含量稳定在一个适当的水平，进而防止剧烈的气候改变对人类造成伤害。

具有法律约束力的《京都议定书》首次为发达国家设立强制减排目标，是人类历史上第一个限制温室气体排放的国际法律文件。

光化学烟雾呈蓝色，具有强氧化性，能降低大气能见度，也能刺激人眼、使橡胶开裂、伤害植物叶片等。光化学烟雾可随气流漂移数百千米，对远离城市的农作物造成损害。刺激物浓度的高峰在中午和午后，随着光化学反应的不断进行，反应生成物不断累积，光化学烟雾的浓度不断上升。

1. 形成过程

光化学烟雾的形成过程简述如下：清晨，大量碳氢化合物和 NO 由汽车尾气或其他源头排入大气。由于晚间 NO 氧化的结果，已有少量 NO_2 存在。日出时，NO_2 发生光解离提供氧原子，生成的氧原子非常活泼，与 O_2 结合形成臭氧 O_3。O_3 又与 NO 反应，再生成 NO_2。氧原子与碳氢化合物反应生成有机基团。这些基团进一步与 NO、O_2、碳氢化合物反应，生成一些醛、酮和过氧酰基硝酸酯（PAN），如图 15-13 所示。这样，空气就成为一个大量化学物质混合的大反应器，太阳光中的紫外线造成了空气上方的光化学烟雾。

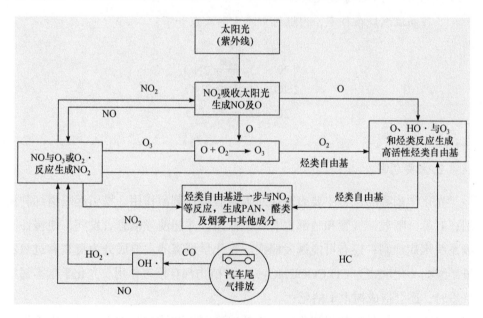

图 15-13　光化学烟雾的形成过程示意图

由此可见，光化学烟雾的形成条件是：①空气中有较多的碳氢化合物和氮氧化物（NO 和 NO_2）；②太阳光（紫外线）照射；③发生化学反应生成臭氧和过氧酰基硝酸酯等二次污染物。而汽车、工厂排放了大量碳氢化合物和氮氧

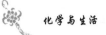

化物，是光化学烟雾发生的污染源。

因此，光化学烟雾的主要控制对策为：控制反应活性高的有机物排放，控制臭氧浓度。

——化学视界

氮和氧能形成多种化合物，如 N_2O、NO、NO_2、N_2O_3、N_2O_4、N_2O_5 等。空气中约含 4/5 体积的 N_2 和 1/5 体积的 O_2，它们和平相处，并未发生反应而生成任何 NO_x，但在很高温度（1200℃以上）下它们就能够结合。例如，雷雨中闪电会使它们结合，在飞机、汽车高温的内燃机汽缸中它们也易结合。空气进入汽车燃烧的汽缸时，O_2 供给燃料燃烧，同时 O_2 和 N_2 在高温、高压下化合生成 NO_x，排入空气中。未燃净的汽油中的碳氢化合物以及燃烧生成的 CO 等废气也排入空气中。

在高温燃烧条件下，内燃机中发生的反应如下：

$$N_2 + O_2 \xrightarrow{\text{高温}} 2NO$$
$$2NO + O_2 = 2NO_2$$
$$2C + O_2 = 2CO$$

2. 主要危害

光化学烟雾的危害主要表现在对人眼有强烈刺激作用，易引起眼睛红肿流泪；对鼻、咽喉、气管和肺部也有刺激作用，并能使哮喘患者发病，使慢性呼吸系统疾病加剧；还有可能诱发癌症。光化学烟雾的主要成分为臭氧和过氧乙酰硝酸酯（化学式为 $CH_3COOONO_2$），对植物都有侵害作用。光化学烟雾污染严重时，还会造成树木干枯死亡。

目睹了大气姑娘的累累伤痕，不禁感到痛心和惋惜。难道人类就束手无策了吗？不！或许尝试一下康复疗法，会有意想不到的效果呦！

15.5 快来试试康复疗法

大气污染按影响范围可分为局部污染、地区性污染、广域污染和全球性污染。地区性污染和广域污染是多种污染源造成的，并受多种自然因素和社会因素的影响。要想有效控制大气污染，可从以下几方面入手。

15.5.1 利用环境的自净化能力

在自然因素的作用下，大气环境中的污染物逐步转化和消失的过程称为环境自净化。按照自净化过程的机理，可将其分为物理净化、化学净化和生物净化。

1. 物理净化

大气中的物理净化有稀释、扩散、输送、迁移、淋洗和沉降。物理净化能力取决于环境中物理因素的强弱及污染物的性质，如温度高低、风速大小、雨量多少及污染物相对密度、形态、粒子大小等。

2. 化学净化

大气中的化学净化有污染物质的氧化、还原、化合、分解、吸附、凝聚、交换和络合过程。环境因素对化学净化过程有重要影响，可以加速或改变化学净化的过程。例如，温热地区的化学净化能力比寒冷地区强。

3. 生物净化

生物的吸收、降解作用可以使大气中的污染物浓度降低甚至消失。绿色植物的叶片可以阻截灰尘、吸收多种有害气体。

15.5.2 减少或防止污染物排放

减少或防止污染物排放的措施如下所示。

1	改革能源结构，采用无污染能源（如太阳能、风能、水能）和低污染能源（如天然气、沼气、乙醇）。
2	对燃料进行预处理（如燃料脱硫、煤的液化和气化）。
3	改进燃烧装置和燃烧技术（如改革炉灶、采用沸腾炉燃烧等）以提高燃烧效率和降低有害气体排放量。
4	采用无污染或低污染的工业生产工艺（如采用闭路循环工艺等）。
5	节约能源和开展资源综合利用（如选择公交车代步，减少使用私家车）。
6	减少事故性排放和逸散，加强政府监管（如有计划地整治重污染的企业）。
7	及时清理和妥善处理工业、生活、建设废渣（如工厂的污水、废气、废烟、废渣等回收处理后再排放，合理设置生活垃圾分类箱、中转点和存放点）。

在采取上述措施后，因燃烧和工业生产过程仍有一些污染物排入大气，应控制其排放浓度和排放总量使之不超过该地区的环境容量。主要方法如图 15-14 所示。

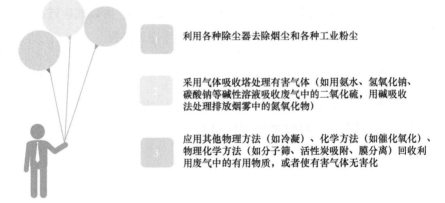

1 利用各种除尘器去除烟尘和各种工业粉尘

2 采用气体吸收塔处理有害气体（如用氨水、氢氧化钠、碳酸钠等碱性溶液吸收废气中的二氧化硫，用碱吸收法处理排放烟雾中的氮氧化物）

3 应用其他物理方法（如冷凝）、化学方法（如催化氧化）、物理化学方法（如分子筛、活性炭吸附、膜分离）回收利用废气中的有用物质，或者使有害气体无害化

图 15-14　控制大气污染物排放浓度和排放总量的方法

15.5.3　发展植物净化

　　植物具有美化环境、调节气候、截留粉尘、吸收有害气体等功能，可以在大面积范围内长时间、持续地净化大气。

　　美貌的恢复不是一蹴而就的，需要人们坚持不懈。身为诊断大气病症的"医生"，保卫蓝天白云是我们的初心，坚决打赢大气污染防治攻坚战是我们的时代责任，守护美丽家园是我们的历史担当。为了负起时代赋予的特殊使命，我们要以减排降碳为重要战略方向，以战胜一切困难的信心，发起铁腕治污的举措，统筹一场全民长期参与的蓝天保卫战，深入推进能源结构调整，促进经济社会发展全面绿色转型，探索出一条生态优先、绿色发展的生态文明建设道路。

化语悦谈

　　那现在就来看看，身为"医生"的你，到底对大气了解多少呢？

　　其实，许多人们不以为然的生活现象，都是对污染的不同体现呢！例如，烟雾袅袅的"仙境"，很有可能就是雾霾造成的；家人总是感冒、嗓子痛，可能就是空气中的污染物质引起的。

　　还有，许多生物不仅在土壤和水中安家，还会常常在空气中游荡。这些小的微生物称为生物气胶。尽管这些微生物不能飞，但是它们却能通过风、雨甚至是一个喷嚏，在空气中进行长途旅行呢！所以不能小觑了空气流动。

随着大气污染的加重，越来越多的人已经开始重视大气污染，并且佩戴口罩出门。然而，英国伦敦的医生库珀博士却说："口罩最好还是不要戴。因为口罩未必十分有用，而且佩戴口罩会让人的呼吸变得困难。口罩对于佩戴者来说，其心理安慰作用大于医学效果。"所以，佩戴口罩还是因人而异吧。

　　哈哈，还有在联合国提出的17个可持续发展目标中，第十三条气候活动中就对现在的温室效应进行了详细阐述，并提出要通过一系列科技手段和行为改变控制气温上升幅度。应对这些气候问题，有了强大的后援力量，人们解决问题就变得更加得心应手，也有了更大的信心。

参考文献

[1] 蔡苹.化学与社会 [M]. 北京：科学出版社，2010.

[2] 陈虹锦.化学与生活 [M]. 北京：高等教育出版社，2013.

[3] 关大博，刘竹.雾霾真相：京津冀地区 PM$_{2.5}$ 污染解析及减排策略研究 [M]. 北京：中国环境出版社，2014.

[4] 杨朝飞，杜跃进."治霾在行动"研究报告 [M]. 北京：中国环境出版社，2015.

[5] 梁燕勋.臭氧层破坏引发的环境问题 [J]. 资源节约与环保，2015，7：131.

[6] 王美秀.酸雨问题概述 [J]. 内蒙古师范大学学报：教育科学版，1999，2：25-26，8.

图片来源

章首页配图　https://www.hippopx.com

图 15-1　钱获宁.思维导图在高中地理教学中的实践——以"大气的组成和垂直分层"为例 [J].

上海课程教学研究，2020，2：77-80.

图 15-3、图 15-10　https：//pixabay.com

图 15-5　高淑霞.向霾宣战 富思特在行动——访富思特新材料科技发展股份有限公司董事长郭祥恩 [J]. 中国石油和化工经济分析，2014，12：56-60.

图 15-6　袁定琨.介质阻挡放电活性分子臭氧发生的基础特性研究 [D]. 杭州：浙江大学，2019.

图 15-7　田华.基于制冷剂减量及替代的制冷热泵系统关键技术理论和实验研究 [D]. 天津：天津大学，2010.

图 15-8　郭丽婷.R404A 空气源热泵在滑雪场馆供暖的数值模拟及应用研究 [D]. 兰州：兰州交通大学，2017.

图 15-9　付天杭，倪丹华，徐芳杰，等.模拟酸雨对施用猪粪的菜园土壤重金属有效性的影响 [J].浙江农业学报，2009，21（6）：593-598.

图 15-11　吴成龙.大菱鲆红体病虹彩病毒的流行情况调查及其主要衣壳蛋白在毕赤酵母中的重组表达 [D].青岛：中国海洋大学，2007.

图 15-12　蔡景松.改性氧化石墨烯材料在吸附和分离二氧化碳领域的应用和机理研究 [D].杭州：浙江大学，2019.

图 15-13　宋雨桐.浅析我国光化学烟雾的形成及防治 [J]. 生物化工，2020，6（1）：126-129.

16　备受瞩目的绿色化学

化学是人类进步的阶梯，但也是一把双刃剑。它为人们的生活带来了翻天覆地的变化，同时也给人类带来了前所未有的危机。目前全球每年产生的化学工业有害废物达三亿吨以上，给环境造成了严重的危害，也对人类的生存造成了极大的威胁。化学工业能否趋利避害，生产出对人类有益、对环境无害的化学品呢？且看"绿色化学"如何变废为宝。

化学的发端，构成了化学发展的基础。今天，化学在为人们的生活带来翻天覆地变化的同时，也给人类带来了前所未有的危机。

目前全球每年产生的化工业有害废物达 3 亿~4 亿吨，严重威胁着人类的生存。化学工业能否趋利避害，生产出对人类有益、环境无害的化学品呢？或许"绿色化学"能够帮助人类实现这一理想……

16.1 诞生之路

随着传统化学工业的迅猛发展，许多新产品、新材料、新能源逐一面世，但也给人类的生存带来了巨大的威胁。由此，人们开始思考如何可持续地发展化学化工业，"绿色化学"应运而生。1991 年，"绿色化学"的理念率先由美国化学会提出，并成为美国环境保护局的中心口号；1995 年，美国总统克林顿设立一个新奖项"总统绿色化学挑战奖"，从 1996 年开始，每年对在绿色化学方面做出重要贡献的化学家和企业进行奖励。1999 年，世界上第一本《绿色化学》杂志诞生。2000 年，美国化学会出版了第一本绿色化学教科书。绿色化学得到了世界各国政府、企业界和化学界的普遍关心和重视[1, 2]。各国为推动绿色化学的发展都做出了一定贡献，如日本设立"绿色和可持续发展化学奖"，英国设立"绿色化学技术奖"和"绿色化学优胜奖"，澳大利亚设立"绿色化学挑战奖"等。"绿色化学"理念的发展过程如图 16-1 所示。

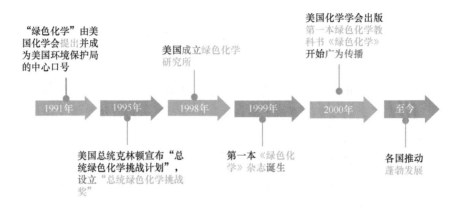

图 16-1 "绿色化学"理念的发展过程

16.2 内涵与特征

绿色化学又称清洁化学、环境无害化学、环境友好化学、原子经济学等，由美国斯坦福大学特罗斯特教授最早提出。绿色化学旨在用化学的方法避免使用对生态环境有害的原料、催化剂等，同时在生产过程中尽量减少产生有毒有害的副产物。凡是符合这样理想要求的反应就是绿色反应，符合理想要求的化学工业就是绿色化学工业，整个化学称之为绿色化学[3]。

绿色化学的特征是通过科学手段从产品生产的源头控制污染，根据"原子经济性"原则设计和实施化学转化，并且在整个生产过程中始终保证零排放和零污染，既充分利用了资源，又减少了污染。

化学视界

绿色意识＝环保意识？

绿色意识旨在人对自然的尊重，追求的是人与自然的和谐关系，通常所说的环保意识带有被动的状态和较强的功利色彩。人们经常谈论的环境污染对人类健康的危害及对人类经济发展所造成的损失，从本质上讲，是把人放在了与自然对立的位置上。基于这样的思想观念，人们只是去解决一些迫在眉睫的污染问题，但不会去思考解决当前没有表现出危害的污染问题。因此，只有在绿色化学理念指导下形成的环保意识才会有正确持续的作用。

16.3　秉承理念与原则

16.3.1　"5R"理论

为了让绿色化学的要求更加清晰具体，科学家提出了"5R"理论，包括减量（reduction）、重复使用（reuse）、回收与循环利用（recycling）、再生（regeneration）、拒用（rejection）。这一理论的提出赋予了现代绿色化学在实际操作中的新内容和新内涵。

1. 减量

减量要求节约资源、减少污染，在保证产品产量的前提下尽可能减少原料的使用量。这就要求提高转化率、降低损耗率等，还要按照标准减少"三废"（废液、废渣、废气）的排放。

2. 重复使用

重复使用以降低生产成本和提高原材料利用率为出发点，如使用催化剂、载体等就要考虑、设计重复使用路线。

3. 回收与循环利用

回收与循环利用的要点是减少废弃物的排放，包括未反应的原材料、催化剂和稳定剂等，需要考虑并设计回收路线。

4. 再生

再生要求物尽其用、节约资源，主要是实现原材料再造或设计生产可再生的原材料。

5. 拒用

拒用要求彻底阻绝污染，主要拒绝使用一次性、有毒副作用及环境污染较为明显的原材料。

化学前沿

淡化海水的绿色化

人口剧增和干旱意味着水资源越来越稀缺。世界上很多城市都建立了海水淡化厂，通过淡化海水补充饮用水资源。目前，淡化海水普遍采用的是反渗透法，其原理是通过外力让水通过一层带有小孔的薄膜。这是一个高能耗的过程，而制备反渗透所需的特殊薄膜也需要使用大量化学品和溶剂。2011年，美国"总统绿色化学挑战奖"的获奖者之一——科腾高性能聚合物有限公司开发了一种制备新型、廉价聚合物膜的方法，可以减少有害化学品的使用量。这种名为 NEXAR 的薄膜还可以降低海水淡化厂的能耗，减少将近一半的能耗费用[4]。

16.3.2 12 条原则

1998 年，美国耶鲁大学的阿纳斯塔斯教授和宝丽来公司的化学家沃纳一同提出了绿色化学的 12 条原则。其要点大致如下[1]：

（1）尽可能减少废物的生成。

（2）设计一个尽可能用掉投入的全部原子的反应。

（3）不使用危险品作为反应物，不产生有害的副产物。

（4）发展低毒的新产品。

（5）使用更安全的溶剂，并减少用量。

（6）高能效。

（7）使用可再生的原料。

（8）设计只生成所需产物的化学反应。

（9）使用催化剂提高效率。

（10）设计可在自然界中安全降解的产品。

（11）监测反应，防止生成废物和有害副产物。

（12）尽量减少事故、火灾和爆炸的发生。

16.4 研究内容

16.4.1 主要研究内容

绿色化学研究的主要内容包括以下四个方面：

（1）研究选择对生态和人体无害的原材料或反应物。

（2）引入新试剂，改善化学反应条件，探索对环境更友好的合成路线和生产工艺。

（3）寻找高效催化剂以合成最环保的物质。

（4）设计出的目标产物要对人类健康和环境均绿色无害[5]。

1. 采用无毒、无害的原料

在化工业生产领域中，不可避免地需要使用一些有毒有害的物质，如光气（$COCl_2$）、氢氰酸（HCN）、甲醛（HCHO）、环氧乙烷（$H_2C\overset{\displaystyle O}{\overbrace{\hspace{1em}}}CH_2$）等，严重危害人类健康，并且对环境造成了极大的污染。绿色化学要求杜绝这些物质的使用，采用无毒无害的原料生产各种化工产品，这是绿色化学的重要任务之一。

2. 采用无毒、无害的催化剂

目前一般使用氢氟酸（HF）、硫酸（H_2SO_4）、三氯化铝（$AlCl_3$）等液体酸作催化剂完成烃类的烷基反应（图16-2），带来效益的同时却对人体健康产生极大的危害，并且会导致严重的环境污染。科学家经过不断研究，从新催化材料中开发出固体酸烷基化催化剂，不仅降低了产品中的有害物质和杂质，还进一步延长了催化剂的寿命。

3. 采用无毒、无害的溶剂

化学品制造过程中使用的溶剂可能会对人体健康造成威胁，其中有些物质还会引起水源污染等环境问题。国内外许多学者正试图杜绝这类物质的使用，采用绿色溶剂代替，如乳酸乙酯（图 16-3）就是一种绿色溶剂。

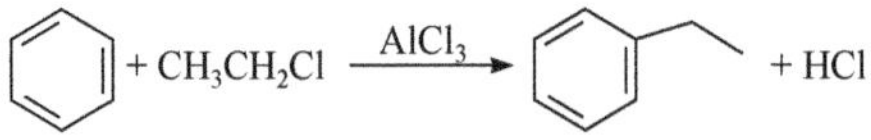

图 16-2　苯环的烷基化反应 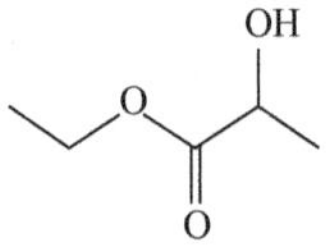　　　　图 16-3　乳酸乙酯的结构式

4. 反应的选择性

一条标准的合成路线最重要的是合成设计中反应选择性的控制。反应的选择性不仅与合成的效率直接相关，还直接影响产物的生理活性，并且涉及反应的控制。因此，近年来选择性合成，尤其是不对称合成已经成为有机合成化学中的热点问题。

绿色化学不仅仅是某一个或某一类化学反应的优化，它涵盖原料绿色化、化学反应绿色化、催化剂绿色化、溶剂绿色化和产品绿色化等方面（图 16-4）。

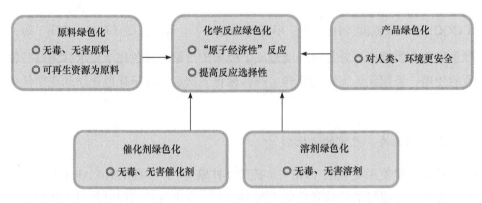

图 16-4　绿色化学的几个方面

16.4.2　研究亮点——原子经济性

"原子经济性"最早由美国斯坦福大学有机化学家特罗斯特于1991年提出，表明原料分子中原子转化为目标产物的百分数，可用来评估反应中原子的利用率[6]。而最大程度符合原子经济性的反应称为原子经济反应，最理想的原子经济反应即原料中的每个原子都能最大限度地结合成目标产物。同样的反应物发生不同的反应，其原子利用率也有所不同[7]。传统的有机合成反应以产率来衡量反应的效率，但是产率高的反应，原子利用率一定高吗？

其实，有些反应虽然产率高，但原子利用率却很低，这样的合成路线与绿色化学原子经济性的理论要求背道而驰。什么样的反应才符合原子经济性的要求呢？①最大程度地利用化工原料；②最大限度地减少化工废物的排放。为了达到上述要求，应该具体分析各种反应途径和合成路线，力求生产出的化学物质对生态环境无公害、无污染。下面列出原子利用率最理想的几类有机反应。

原子利用率最理想的有机反应

【加成反应】

加成反应是由两种或两种以上的分子结合成一种分子的反应，其表达形式类似于无机反应中的化合反应，即 A + B —— C。这是一种重要的理想原子经济反应，其反应类型主要有烯烃或炔烃的加成反应、醛或酮的加成反应、有机环的加成反应等，其原子利用率可接近100%。例如，乙烯的加成反应

$$\underset{H}{\overset{H}{>}}=\underset{H}{\overset{H}{<}} + H_2 \longrightarrow CH_3CH_3$$

【重排反应】

重排反应是指化学键断裂和形成都发生在同一分子内部的反应，它会引起分子中原子的排列方式发生改变，最后形成组成相同而结构不同的新分子。反应形式为 A —— B，主要用于染料和药物的合成。例如，克莱森重排

【异构化反应】　异构化反应是指改变有机物结构而不改变其组成和相对分子质量的反应,表达形式仍为 A——→B。常见的异构化反应有烯烃(或炔烃)异构化、烯醇异构化。例如

$$\underset{H}{\overset{H}{\diagdown}}C=C\underset{H}{\overset{OH}{\diagup}} \rightleftharpoons CH_3CHO$$

化学视界

原子利用率

$$原子利用率 = \frac{目标产物的质量}{反应物的总质量} \times 100\%$$

$$= \frac{目标产物的相对分子质量总和}{反应物的相对原子质量总和} \times 100\%$$

例如,在银催化作用下通过乙烯氧化合成环氧乙烷的反应为

$$2CH_2{=\!=}CH_2 + O_2 \xrightarrow{\text{催化剂}} 2CH_2{-}CH_2 \atop \diagdown O \diagup$$

该反应的原子利用率为

$$\frac{2\times44}{2\times28+32} \times 100\% = 100\%$$

16.5　备受青睐的两大“绿色”化学品

许多化学产品为人们的生活带来便利的同时,也对环境造成了难以补救的伤害,这些产品就不能称为绿色化学品。科研工作者希望兼顾绿色化工产品的功能与环境影响,以降解的方式或作为制造其他产品的原材料进入物质循环。

例如，为保护臭氧层，研制出了几种氟氯烃的替代物作为制冷剂；用可降解塑料代替传统塑料，以解决"白色污染"问题；开发无氯新型杀虫剂，降低农药对人类健康的危害；为减少含磷洗衣粉对环境的污染，用硅胶、4A沸石等作为原料生产出无磷洗涤剂等。目前市面上备受青睐的绿色化工产品主要有可降解塑料和绿色农药两类。

16.5.1　可降解塑料

可降解塑料是指在保存期内其性能保持不变，在自然环境条件下通过化学、物理因素或微生物的作用，构成塑料的大分子链发生断裂从而降解，生成对环境无污染、无毒害的塑料物质。图 16-5 为可降解材料制作的笔壳在微生物作用下的降解原理。根据塑料降解的方式，可将降解分为化学降解、光降解和生物降解三种，这三种方式在降解过程中往往相互增效、相互协同、相互连贯。

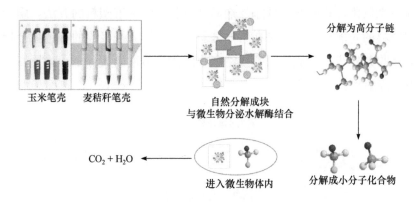

玉米笔壳　麦秸秆笔壳　　自然分解成块与微生物分泌水解酶结合　　分解为高分子链　　进入微生物体内　　分解成小分子化合物　　$CO_2 + H_2O$

图 16-5　可降解材料在微生物作用下的降解原理

1. 光降解塑料

在自然光或其他光源照射下发生光降解的塑料称为光降解塑料。光化学降解和光氧化降解是常见的两类降解反应。在高分子化合物中残留的各种添加剂、溶剂、催化剂，以及含有芳环、共轭双键、羰基、

> 光降解是指高分子材料受到光照而发生物理机械性能变化、化学键断裂以及化学结构变化的过程或现象。

过氧化物结构的聚合物等,都可能成为促进光降解过程的促进剂。光降解塑料的工业制备方式有以下两种。

共聚法(图 16-6)将对光敏感的光敏单体(如 CO、CH_2=C=O 等)与烯烃共聚,生成含有羰基(C=O)结构的光降解聚合物。目前已实现工业化的光降解聚合物有乙烯-CO 共聚物和乙烯-乙烯酮共聚物,可用于农膜、包装袋、容器、纤维、泡沫制品等。

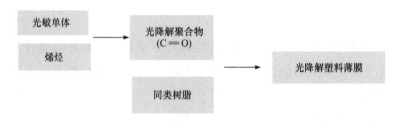

图 16-6　共聚法

添加光敏剂法(图 16-7)是指在通用塑料中按一定比例添加能够在光照条件下加速光氧化降解的光敏性添加剂而制成各种光降解塑料的方法。用于制作光降解塑料的光敏性添加剂是在紫外区至红外区均有强吸收的有色化合物,能够有效吸收紫外线并生成自由基或将吸收的能量传递给大分子,诱导高分子化合物发生降解[8]。

图 16-7　添加光敏剂法

2.复合降解塑料

复合降解塑料是一种集光降解、化学助剂诱导降解和生物降解为一体的新型环境可降解塑料,它对环境更友好。图 16-8 为复合降解塑料薄膜的组成成分。它不用淀粉而采用廉价的碳酸钙($CaCO_3$)粉末、滑石粉等无机原料,与光敏剂、化学助剂和聚乙烯等原料共聚而成。这类塑料的加工性能良好、热合性优良、抗撕裂强度高,具有保温、保鲜功能。降解速度快且彻底,降解后可与土壤混为一体,降解产物不但对环境无毒无害,还能提高土壤的肥力,促进农作物增产。

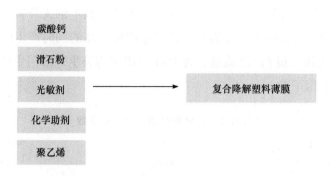

图 16-8 复合降解塑料薄膜的组成成分

16.5.2 绿色农药

绿色农药又称环境友好农药或环境无公害农药,是一种基于绿色化学和生态化学理论开发出的生物农药。与传统农药相比,它既能实现对有害生物的控制、对人及有益生物的保护,又对环境无污染。

随着科学技术的发展和环境生态保护要求的提高,近年来农药的发展经历了以下变化过程:①药效从常效、高效到目前的超高效;②对人类的危害由高毒、低毒发展到无公害;③由对有害生物简单粗暴的杀生方式转变为目前广泛认可的生物调控;④农药的结构类型在近几年也发生了重大变化,以有机磷、氨基甲酸酯、有机氯等为代表的高毒、高抗性传统农药越来越少,研究基本处于停止状态;⑤光活性农药开发成效显著,一大批单一光活性农药品种进入市场,避免了大量无效物质释放到环境中,既减轻了环境压力,又节约了大量资源。

1. 天然植物源农药

天然植物源农药在自然界中天然存在,不污染环境,安全间隔期短,并且有顺畅的降解途径,特别适用于被人直接食用的作物(如蔬菜、水果及茶叶等)。绝大多数天然植物源农药对有害生物的作用机理与常规农药相似,能够直接作用于有害生物的多个器官系统,并能有效克服有害生物的抗药性;甚至有的天然植物源农药不仅能阻绝虫害，还对作物生长有促进作用。天然植物源农药因其来源丰富、生产简单、成本低廉，成为追求优质高产的无公害绿色食品的最佳生物农药选择。E 因子定义为每生产 1kg 期望产品的同时产生的废物的量，即 E 因子 = 废物质量 / 产品质量。表 16-1 列出了部分生产部门生产过程中环境所能接受的 E 因子数。

表 16-1　部分生产部门的 E 因子数

生产部门	产品 /t	E 因子
炼油	$10^6 \sim 10^8$	~0.1
基本化工	$10^4 \sim 10^6$	<1~5
精细化工	$10^2 \sim 10^4$	5~50
制药	$10 \sim 10^3$	25~100

环境商 EQ 综合考虑了废物的排放量和毒性，用来评价各种合成方法相对于环境的好坏。环境商 EQ=E×Q（E 为 E 因子，Q 为根据废物在环境中的行为给出的对环境不友好度）。环境商值越大，工业废物对环境造成的污染越严重，因此 EQ 值的大小是衡量或选择合理生产工艺的重要因素。若要降低 EQ 值，意味着要减少生产工艺过程中废物的排放量，即要提高合成工艺中的原子利用率 [9]。举例如下：

经典氯代乙醇法

$$CH_2 \!\!=\!\! CH_2 + Cl_2 + H_2O \longrightarrow ClCH_2CH_2OH + HCl$$

$$ClCH_2CH_2OH + Ca(OH)_2 \xrightarrow{HCl} \overset{\displaystyle O}{H_2C \!-\! CH_2} + CaCl_2 + 2H_2O$$

总反应

$$C_2H_4 + Cl_2 + Ca(OH)_2 \longrightarrow C_2H_4O + CaCl_2 + H_2O$$

相对分子质量　　　44　　111　　18

原子利用率 = 44/173 = 25%

现代石油化学工艺

$$CH_2\!\!=\!\!CH_2 + 1/2O_2 \xrightarrow{催化} H_2C\overset{O}{\overbrace{}}CH_2$$

原子利用率=100%

2. 化学信息素农药

化学信息素是昆虫个体之间传播信息的原生物质，又称昆虫激素。化学信息素农药包括各种昆虫激素及其类似物，它们能干扰昆虫的生长、发育、繁殖，从而达到控制有害昆虫数量、减轻害虫危害的目的，具有高效无毒、不污染环境等优点[10]。

16.6 "绿色"的光明未来

根据绿色化学的理论和目标，可以看出绿色化学发展的方向主要有以下几个方面。

绿色原料要求减少化工对传统矿物能源（如煤、石油等）的依赖，尽可能使用太阳能、潮汐能、风能、水能和地热能等洁净能源（图16-9），或者利用垃圾发电提供能源（图16-10）。

图16-9 各种新能源

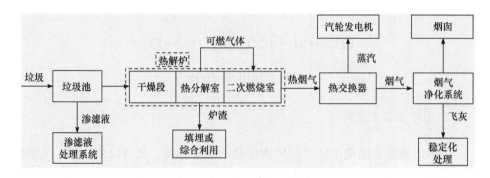

图 16-10　热解焚烧炉发电工艺流程

在绿色反应过程的研究中,绿色催化是绿色化工的基石。在化工生产过程中,要充分利用生物催化、光催化和电催化等各种绿色催化技术。

关于绿色产品开发,目前的研究方向主要有:为替代广泛的石油产品进行生物燃料的开发;利用多糖类生物废物或农业废物研制绿色生物农药;利用化学、生物技术和光敏技术研制可降解塑料;通过纤维酶将木制品转化为葡萄糖;将废生物质转化为饲料、燃料、工业产品等。

此外,绿色化学思想也将深入渗透到教育领域。现行教材中的一些教师演示实验或学生必做实验不可避免地会产生有害物质,如铜与硝酸反应以及蔗糖与浓硫酸反应等。为了实现化学实验内容"绿色化",科研工作者和教育工作者开展了微型化学实验(图 16-11),利用现代高科技手段模拟化学实验,学生不仅可以观察到实验中有趣的现象,还能对实验原理、仪器药品等有全面系统的了解和认识[11]。

图 16-11　微型化学实验仪器

"绿色化学"惠及人类 美法三位化学家合捧诺贝尔奖

(2005-10-06 08：23：27)

据新华社电,瑞典皇家科学院5日宣布,将本年度诺贝尔化学奖授予一名法国科学家和两名美国科学家。

这三位科学家分别是法国石油研究所的伊夫·肖万、美国加州理工学院的罗伯特·格拉布和麻省理工学院的理查德·施罗克,他们在烯烃复分解反应研究方面作出了重大的贡献。目前烯烃复分解反应广泛用于生产药品和塑料等,并且产生的有害废物较少。瑞典皇家科学院说,"这是通往'绿色化学'的重要一步,通过更加先进的生产技术减少潜在的危险废弃物"。该成果一方面提高了化工生产中的产量和效率,另一方面副产物主要为可以再利用的乙烯,减少了其他副产物的生成[12]。

本次颁奖结果再次证明,科学理论只有同工业实践相结合,创造出能够改变人类生活、提高生命质量的发明,才是有利于人类的科学理论!

化语悦谈

诺贝尔化学奖获得者西博格教授在一次报告中讲到:"化学是人类进步的关键"[13]。这句话说明化学与社会、生活、生产和科学技术等方面的联系,指明化学对人类进步起着至关重要的作用。绿色化学真正做到了环境友好型的可持续发展,一定能够造福未来。

其实绿色化学距离我们并不遥远。日常生活中我们可以尽量购买当季蔬菜和水果，避免摄入过多的农药和化肥；也可以尽量购买本地食材，减少运送食物耗费的燃料和多余的包装；另外，尽量使用肥皂洗衣，选择绿色出行的交通工具等，这些都与绿色化学的理念息息相关。

　　如果化学是人类进步的阶梯，那么绿色化学就是人类航行途中的灯塔。希望绿色化学能够让地球更加美好！

 参考文献

[1] 朱文祥 . 绿色化学与绿色化学教育 [J]. 化学教育，2001，1：1-4，18.

[2] 郝新奇，朱新举，杨贯羽，等 . 绿色化学在高校化学实验中的认识 [J]. 教育教学论坛，2016，33（8）：267-269.

[3] 贺晓磊 . 绿色化学与环境治理 [J]. 内蒙古石油化工，2015，3：36-37.

[4] 熊叶丹，叶君，熊犍 . 2011 年美国总统绿色化学挑战奖 [J]. 化工进展，2011，30（9）：2095-2096.

[5] 吴嘉碧，陈侣平，张小瑜 . 绿色化学中的原子经济性 [J]. 化工管理，2016，19：104-105.

[6] Trost B M. The atom economy: a search for synthetic efficiency[J]. Science, 1991. 254(5037): 1471-1477.

[7] 初小宇，张宏坤，姜涛，等 . 试论绿色化学工艺的开发与应用 [J]. 当代化工研究，2016，1：31-32.

[8] 海利·伯奇 . 你不可不知的 50 个化学知识 [M]. 卜建华译 . 北京：人民邮电出版社，2017.

[9] 周公度 . 化学是什么 [M]. 北京：北京大学出版社，2011.

[10] 陈德展 . 化之道（化学卷）[M]. 济南：山东科学技术出版社，2007.

[11] 唐有祺，王夔 . 化学与社会 [M]. 北京：高等教育出版社，1997.

[12] 楚天都市报 . "绿色化学" 惠及人类　美法三位化学家合捧诺贝尔奖 [N]. https：//www.cnhubei.com/200510/ca885902. htm.

[13] 陈宗芳 . 高中化学新教材教学价值观探究 [J]. 新课程（中），2015，4：22-23.

图片来源

图 16-5　林霞，朱健，张胜红.可降解塑料及其在笔类产品中的应用 [J].中国制笔，2021，1：12-17.

图 16-9　https：//www.cc0.cn

图 16-10　范妮.国内生活垃圾焚烧发电项目研究进展 [J].湖北大学学报（自然科学版），2021，43（6）：690-697.

图 16-11　https：//pixabay.com